U0131598

中国科学院华南植物园
华 南 国 家 植 物 园

澳门植物物候

易绮斐 主编

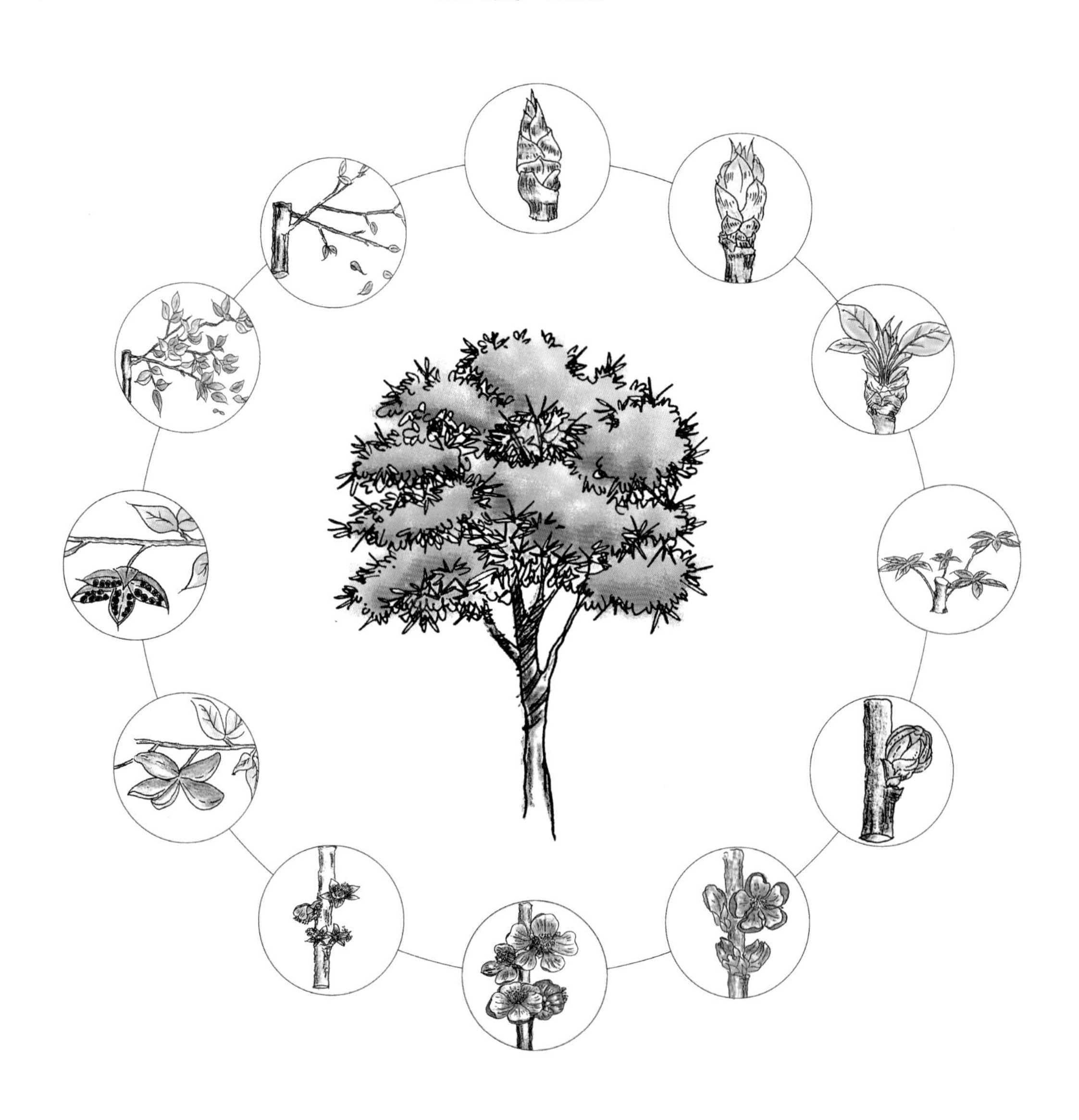

中国林业出版社
CFPH China Forestry Publishing House

《澳门植物物候》

主　　编：易绮斐

策　　划：王颢颖

特约编辑：吴文静

图书在版编目（CIP）数据

澳门植物物候 / 易绮斐主编 . -- 北京 : 中国林业出版社，2024.1

ISBN 978-7-5219-2035-2

Ⅰ . ①澳… Ⅱ . ①易… Ⅲ . ①植物－物候学－澳门Ⅳ . ① Q948.119

中国版本图书馆 CIP 数据核字 (2022) 第 254078 号

责任编辑　郑雨馨　张　健

版式设计　柏桐文化传播有限公司

出版发行　中国林业出版社（100009，北京市西城区刘海胡同 7 号，电话 010- 83143621）

电子邮箱　cfphzbs@163.com

网　　址　www.forestry.gov.cn/lycb.html

印　　刷　北京雅昌艺术印刷有限公司

版　　次　2024 年 1 月第 1 版

印　　次　2024 年 1 月 第 1 次印刷

开　　本　889 mm×1194 mm 1/16

印　　张　17.75

字　　数　580 千字

定　　价　228.00 元

《澳门植物物候》编委会

本书的出版承蒙以下单位、项目和主要参与人员的大力支持，以示致谢！

参加单位

澳门特别行政区市政署

澳门特别行政区地球物理暨气象局

深圳兰科植物保护研究中心

资助项目

澳门特别行政区合作项目（澳门野生植物物候监测研究）

广东省科技计划项目 (2018B030324003)

澳门特别行政区市政署园林绿化厅主要参与人员

洪宝莹 欧远雄 陈道怡 吴欣欣 郭菲力 余军洪 刘紫夫

前言

Preface

植物物候学是物候学的一个重要组成部分。植物物候是指植物受气候和其他环境因子的影响而出现的以年为周期的自然现象，包括植物的发芽、展叶、开花、叶变色、落叶等，是植物长期适应环境的季节性变化而形成的生长发育节律。通过一年四季对植物进行物候观测，记录各生长发育期到来的时间和持续的天数，来了解植物的生长发育过程的周期性。对植物物候现象按统一的标准进行观察和记载，就是植物物候观测。

植物物候期的变化是体现气候差异的极好标志，每种植物的生长取决于天气等各种要素的综合作用，所以植物发育过程中的物候是气候综合作用的表现。许多植物物候现象出现的日期，在很大程度上受局部气候因素的制约。物候期主要是由气候决定的，所以可把物候期作为气候和气候变化的间接指标。植物在当地的适应性或物候期的早迟，都不同程度地指示着当地的气候变化情况。植物物候现象是环境变化最敏感、最精确的指示特征，通过一年四季对植物的物候观测，记录各生长发育期到来的时间和持续的天数、年际变化，来了解植物物候对外界环境的依赖关系，特别是与气候的关系。植物物候作为分析当地气候变化规律和指示当地自然季节变化的指标，其研究不仅为当地植物的保育提供了基础资料，还可以评估气候变化对植物的影响。

澳门开埠较早，随着城市的不断发展，环境污染及人类的活动均对植被造成影响。澳门人口已达 68.25 万人（澳门特别行政区政府统计暨普查局，2021a），由于澳门地域狭小，人口密度大，澳门半岛人口密度超过 6 万人 /km^2，已成为了世界人口密度最大的地区之一。可见，如此大的人口密度与持续快速的增长，对地域狭小的澳门社会、经济、资源与环境协调发展形成了巨大的压力。人类的活动对植被的影响很大，加之城市热岛效应严重，温度升高，对植物的物候造成了一定的影响。另一方面，环境污染日趋严重，据统计截至 2021 年，随着澳门人口的增长和经济的发展，城市机动车保有量已超过 22.44 万辆（澳门特别行政区政府统计暨普查局，2021b），平均每近 3 个居民拥有一辆汽车，澳门已成为世界上机动车密度最高的地区之一。因此，机动车尾气排放已成为澳门地区最主要的大气污染源，由此造成的环境污染问题日益突出。

植物物候是指示自然环境变化的重要指标，与气候变化息息相关，随着全球气候变暖以及城市热岛效应的加剧，植物物候也受到更多的关注。根据《联合国气候变化框架公约》（以下简称《公约》）的规定，每一个缔约方都有义务提交本国的信息通报，内容包括国家温室气体清单、为履行《公约》和将要采取的措施，以及缔约方认为适合提供的其他信息。中国政府高度重视自己所承担的国际义务，组织国内有关政府部门、科研机构、大专院校、国有企业和社会团体等提供相关数据资料汇编《中华人民共和国气候变化国家信息通报》。根据中华人民共和国《澳门特别行政区基本法》的有关原则，本通报中澳门特别行政区基本信息资料由澳门特别行政区政府地球物理暨气象局提供，澳门特别行政区政府对此高度重视。因此，澳门地球物理暨气象局委托中国科学院华南植物园，自 2011 年 10 月起对澳门当地的代表性植物群落的物候进行长期的动态监测，开展澳门野生植物物候监测及研究，以期达成对植物物候与区域性气候的相关性研究，探索植物物候对气候变化的响应。澳门作为一个具有特殊地理位置的地域，其气候监测已有百余年历史（冯瑞权等，2010），区域性的气候变化也处在研究中，而植物物候研究随着本次合作开始起步。

本次研究从植物宏观的物候现象出发，得出不同植物的物候特征及自身的物候变化节律。在对澳门野生植物资源调查的基础上开展长期的植物物候动态监测，填补了澳门地区甚至是华南地区物候研究的空白，也为后续开展气候、污染等因素对野生植物的影响尤其对珍稀植物影响的研究奠定基础。同时本研究旨在更好地认识城市植物多样性对区域城市、全球环境变化的影响，以期为邻近地区或岛屿城市植物物候研究提供参考数据，也为澳门特别行政区政府制定城市发展规划，以及为经济、资源与环境可持续发展战略决策提供科学基础和科技咨询。

作者在历年的野外植物物候监测研究中发现，植物物候期监测的工作量大，在短时间内使监测人员准确把握物候期存在一定的难度，监测人员的变动及对物候期的主观判断均会影响监测结果。为了让监测人员在野外工作中能快速并准确判断各植物物候期特征，根据前人资料和地域特点，本书特制定了维管束植物的物候期监测标准。以蕨类植物、乔灌木和草本为划分依据规范了其植物物候期特征的文字描述，为了更加直观，并给各物候期附上具明显物候特征的相应物候照片，让监测人员更容易和准确地识别物候期特征，提高植物物候期监测数据的准确性。

本书结合了多年以来的澳门植物物候监测资料，选择有完整物候期的植物 111 种，其中蕨类植物 11 种，隶属于 6 科 7 属；被子植物 100 种，隶属于 40 科 87 属。本书科的排列，蕨类植物按秦仁昌（1978）系统，被子植物按克朗奎斯特（Cronquist）1988 系统排列；种按学名字母顺序排列。内容包括每种植物的名称（中文名、别名、英名、葡名、学名）、形态特征、产地、地理分布、主要物候期，每种植物附有绘制的物候图谱并配置各物候期具明显物候特征的物候彩色图片。全书有彩色照片 600 多幅，均系作者在野外监测时所拍摄。为便于读者进一步查对，书后还附有中文名、学名、英名、葡名索引。本书图文并茂，通俗易懂，希望本书的出版可为植物物候监测研究从业者、大专院校师生、中小学生及物候学爱好者提供参考，可为市民提供野外观花、观果、观赏红叶等适宜时期指引，亦可为当地荒山、园林景观美化种植时选择野生植物物种提供参考。

本书是以群落的形式进行植物物候监测，书中选择的野生植物物候的种类主要集中于澳门半岛、氹仔和路环二岛的松山、大潭山、九澳角、黑沙 4 个固定样地中，因此每种植物的物候期是 4 个固定样地中所有观察个体的综合物候期，并且每种植物最终的物候期是根据 8 年的监测资料统计分析而确定。但是监测过程中难免有人员及其他事务的变动，这些因素可能造成物候期存在一定的人为误差，书中若有不妥之处请批评指正！

编者

2023 年 8 月广州

目录

第 1 章　植物物候研究的意义

物候知识的起源，在世界上以中国为最早。两千多年以前，中国古人已把一年四季寒暑的变换分为二十四节气，把在寒暑的影响下所出现的自然现象分为七十二候。物候学是一门古老的学科，我国近代地理学和气象学的奠基者竺可桢先生认为物候学主要是研究自然界的植物、动物和环境条件（气候、水文、土壤条件）的周期性变化之间相互关系的科学，它的目的是认识自然季节现象变化的规律，以服务于农业生产和科学研究（竺可桢等，1973）。植物物候学是物候学的一个重要组成部分。植物物候变化受生物因素和环境（气候、土壤、水文等）综合影响，其中气候是影响最大的环境因子（F• 施奈勒，1965）。植物物候学是研究自然环境条件引起植物生活周期性变化的科学，它是介于植物学和气候学之间的交叉学科。通过一年四季对植物的物候观测，记录各生长发育期（包括植物发芽、展叶、开花等）到来的时间和持续时间的天数，年际变化，来了解植物的周期性生长发育过程与外界环境的依赖关系，特别是与气候的关系；并从各种植物的各生长发育物候期的早迟，作为分析当地气候变化规律和指示当地自然季节变化的指标。同理，一个地方的植物生活周期性和气候的变化是相一致的，从记录的植物物候期则可以知道季节的早迟，所以植物物候学也称为生物气候学。

全球变暖、极端气候事件频繁发生等气候变化已成为国际社会普遍关注的话题，植物物候对全球变暖的响应已成为植物物候学研究的焦点。气候变化亦影响植物的生长和物候节律，给人类与环境可持续发展规划、区域生态建设带来越来越大的挑战。植物物候节律能表征自然季节，能敏感指示自然环境的改变，还能对环境变化作出响应和适应，因而被视为“大自然的语言”（竺可桢等，1973）和气候变化的“诊断指纹”（Root et al.，2003）。

纵观植物物候研究的发展历程，植物物候经过了多个发展阶段（代武君等，2020），18 世纪以前为古老的农业物候时期，主要是通过观察自然界动植物每年重复出现的现象掌握自然界的季节规律以服务于农业生产。18 世纪至 20 世纪 90 年代为近代物候时期，瑞典、英国、德国等国科学家分别在 18 世纪中后期和 19 世纪前期开始进行物候观测和记录（葛全胜，2010），“Phenology”一词最早由比利时植物学家 Charles Morren 于 1849 年提出（Hopp，1974）。19 世纪中叶以后由于资本主义国家工业的发展和人口的增加迫切需要增加农业生产，这才开始注重物候学的研究，但真正意义上的国家物候服务机构是 20 世纪 20 年代在德国开始工作的。竺可桢先生是中国现代物候学的创始人，他撰写的《论新月令》一文是中国现代物候研究的开山之作，具有划时代的历史意义，他亲自设计了中国现代物候观测规范和标准，建立了“中国物候观测网”（葛全胜，2010）。20 世纪 90 年代至今为全球气候变化物候时期，全球气候变化及其对生态系统的潜在影响受到广泛关注，国际物候观测网络的建立促进了大规模和标准化物候数据的收集和共享。同时，遥感技术的快速发展极大地促进了宏观物候学的发展，从物种到群落观测，再到景观尺度，提高了我们对不同尺度植物物候变化的理解（Duarte et al., 2018）。随着物候学的发展与全球气候变化研究的深入，人们逐渐认识到，物候不仅能够反应自然生命周期的变化用以指导农业生产，而且能指示生态系统对全球环境变化的响应和适应，现代物候学成为研究热点的一个重要原因是物候变化被认为是全球气候变化的一项独立证据（Rosenzweig et al., 2007）。此外，物候研究正被用作教育、推广、培养科学素养的平台，物候观测网络鼓励公民科学参与观测，让公众体验参与科学研究的过程。竺可桢指出现代研究物候的主要目的是认识自然季节现象的变化规律，服务于农业生产和科学研究。物候学是一门能直接应用于生产的实用科学，对于科学和生产实践具有重要意义。

1.1 认识植物季节现象的变化规律

植物物候研究的首要目的是认识植物季节现象的变化规律，可根据植物季节变化规律编制自然历。把在某一地区多年观测的各种物候现象出现的平均日期，按先后顺序排列出来，就成为该地的自然历（natural calendar）。南宋末，浙江金华(婺州)人吕祖谦记载了南宋淳熙七年和八年(1180、1181)金华的物候，有蜡梅、桃、李、梅、杏、紫荆、海棠、兰、竹、豆蔻、芙蓉、莲、菊、蜀葵和萱草等24种植物开花结果的日期（罗素•G•福斯特等，2016），这是世界上最早的实际观测的物候记录。《夏小正》《吕氏春秋•十二纪》《淮南子•时则训》和《札记•月令》等，则已经按月记载全年的物候历了。而《逸周书•时训解》更把全年分为七十二候，记有每候5天的物候，成为更加完善的物候历，北魏时曾附属于历书。19世纪中叶，太平天国颁发的《天历》，其中《萌芽月令》就是以物候指导农时的月历。随着物候学的发展和人们对物候知识的不断丰富，有关物候与四季划分的研究成果不断呈现。利用物候监测资料在编制自然历方面有广泛的应用价值。例如本研究期间，澳门地球物理暨气象局于2013年选用本调查中拍摄的12种精美花、果照片制作台式月历，每个月选择1种当月盛花或盛果物候期的物种作为月历图案，就是将植物物候研究成果与日常生活相结合的案例。

1.2 指导农时

在农业生产应用方面，可根据自然物候现象来制定进行某种农事活动的时间指标，与物候资料进行对比分析，找出相应的物候指标，再依据指标物候现象指示和预报农时活动。物候学的研究初衷是为了预报农时，中国古代常用编制自然历的方式来指导农时，如选择播种、放牧、放蜂、采茶、养蚕的最佳时间等，以服务于农业生产。利用物候知识来研究农业生产，物候学记录植物的生长荣枯，如在西汉，著名的农学著作《氾胜之书》有以物候为指标来确定耕种时期的记载，如“杏始华荣，辄耕轻土弱土；望杏花落，复耕”。《大自然的语言》(竺可桢，1963）文中，以杏花、桃花开放等自然现象，来了解随着时节推移的气候变化和这种变化对植物的影响。如杏花开了，就好像大自然在传语他们赶快耕地；桃花开了，又好像在暗示他们赶快播种谷子。古代流传下来的关于物候方面的农谚，就是劳动人民实践经验的总结。这一类的自然现象，中国古代的劳动人民称之为物候。农作物生育期季节性变化现象被称为作物物候，研究其与环境的周期性变化的相互关系，亦可指导农业生产。

1.3 病虫害预测预报

准确的病虫害预测预报，可增强防治效果，使之更加经济、安全和有效，对农业生产和园林绿化等具有很高的实际意义。通过研究植物物候变化与病虫害的发生期的对应关系，可以指示病虫害发生期，据此预报病虫害的发生时间。因此，可通过调整作物播种和耕种的时间或方式，避免或减轻病虫害的危害，从而增加作物的产量或提高园林绿化效益。

1.4 引种育种

植物能反映环境的变化，一些植物可视作“活仪器”，植物在当地的适应性或物候期的早迟，都不同程度地指示着当地的气候。植物物候期的变化是气候差异的极好标志，因为许多植物物候现象出现的日期，在很大程度上受局部气候因素的制约，指示植物是反映其生长过程中温度、降水量、湿度、日照等气象要素综合作用的活仪器，对所选定的指示植物的物候的观测结果，可以用于预测同种植物或其他种植物物候现象的日期，长期物候平均日期图可以用于辨别气候情况相似的地区，这对农业、园艺和林业的引种工作来说是很有用的工具（H. 利思，1984）。

在林业方面，新品种的引进和选种、采种和造林都有很强的季节性，必须参照树木的物候规律来决定。每种植物的生长取决于天气各种要素的综合作用，植物发育过程的物候资料是气候综合作用的表现。引种育种时须了解植物花果物候期，物候研究不仅为当地植物的保育提供基础资料，还可以评估气候变化对植物的影响。根据物候资料确定造林和采集树木种子的日期，对引种具有重要参考价值。

1.5 预测水果成熟收获期

水果的采收具有很强的季节性，直接关系到水果的产量和质量，适时采收才能获得质量好和耐贮藏的产品，同时影响水果的市场销售和经济效益。水果的采收期预测非常重要，可通过水果物候期的监测预测水果成熟采收期。观测果树（木本）物候期时，果树年生长周期可划分为生长期和休眠期，而物候期的观测着重记录生长期的变化。因此，可根据各物候期结合当地的气候变化预测水果成熟收获期，指导生产采收。

1.6 农业气候区划

物候期主要是由气候决定的，可把物候期作为气候和气候变化的间接指标。物候能反映农业季节的特点，物候季节指标能反映气候对作物的综合影响，能较好地反映地区间的气候和农业气候的差异。通过物候观测可以了解不同地区甚至同一地区由于地形、土壤、植被不同而引起的气候差异，为农业生产规划、山区资源开发提供参考依据。农作物的区划是推广栽培作物、合理配置作物的先决条件，如稻麦两熟区的推广界限问题，需要有周密的区划，才可以事半功倍，获得增产。

1.7 指示和预测气候变化

植物通过改变物候适应其周围环境的季节性变化，植物物候变化为气候变化提供了最直接的证据（Brenskelle et al., 2019）。在没有气象观测条件的情况下，物候资料是很好的气候参考资料。物候观测资料配合气候资料会有更高的科学价值和实用性。物候观测可用于小气候调查，通过对植物物候的调查和物候资料的分析可以推测当地的气候，如山区气候较复杂，而现有气象站绝大多数都设置在人烟稠密的平原和沟谷，观测结果很难代表山区的气候，因此在山区气候分析中，对用物候调查法所收集的资料进行分析、推断当地的小气候是一种比较实用和简便的方法。因此，在缺乏气候资料的地方，分析物候与气候的关系，可推导和预测气候变化趋势（徐雨晴等，2004）。古今物候有明显的差异，根据物候记载可研究气候变化。在古今物候差异与气候变迁研究中，历史物候记载是一种间接的气候资料，是气候变化的有力证据。物候还可用于气候预报，如利用某些早春物候现象，来预报当年春季气温回暖的早晚，这种方法的预报准确率是较高的。物候学研究正在为全球气候变化研究提供基础资料，如研究生态系统如何响应全球气候变化、生长季变化，分析陆地生态系统碳循环（Piao et al.，2008）等。

1.8 旅游指引

根据植物物候期预测植物盛花、红叶等好景的最佳观赏期，如根据物候预测春季桃花、樱花、油菜花等观赏期，秋冬红叶如枫叶、山乌桕等秋色叶观赏期等。为了更好地服务于景区旅游事业，中国物候网还将联合全国各旅游景区，增强对观赏性花木的观测。

1.9 环境监测

环境污染已成为当前世界引人注目的社会问题。物候还能用于环境变化、环境污染的监测，污染造成物候变化规律的紊乱，因此可从污染造成的物候变化以及植物的损害情况，来掌握污染的程度，起到监测环境污染的作用。研究发现，由于人类活动引起大气温室气体增加造成气候变暖，温度的变化改变了大气时空分布格局，这不但引起植物花期物候变化，且影响到植物有性繁殖体种子的产量，进而影响生产力（张宝成等，2015）。可见，全球气候变化对生态系统及植物生长、繁殖有重要影响，物候对环境的监测起到越来越重要的作用。

第 2 章　术语和定义

为了方便阅读理解，本章将书中出现的主要术语和定义列出。

2.1 物与候

物与候（living things and climate），“物”主要是指生物（动物和植物等），“候”就是中国古代人民所称的气和候（图 2-1）。

图 2-1　物与候

2.2 植物物候

植物物候（plant phenology），是指植物受气候和其他环境因子的影响而出现的以年为周期的自然现象，包括植物的发芽、展叶、开花、结果、叶变色、落叶等，是植物长期适应季节性变化及其环境而形成的生长发育节律（图 2-2）。

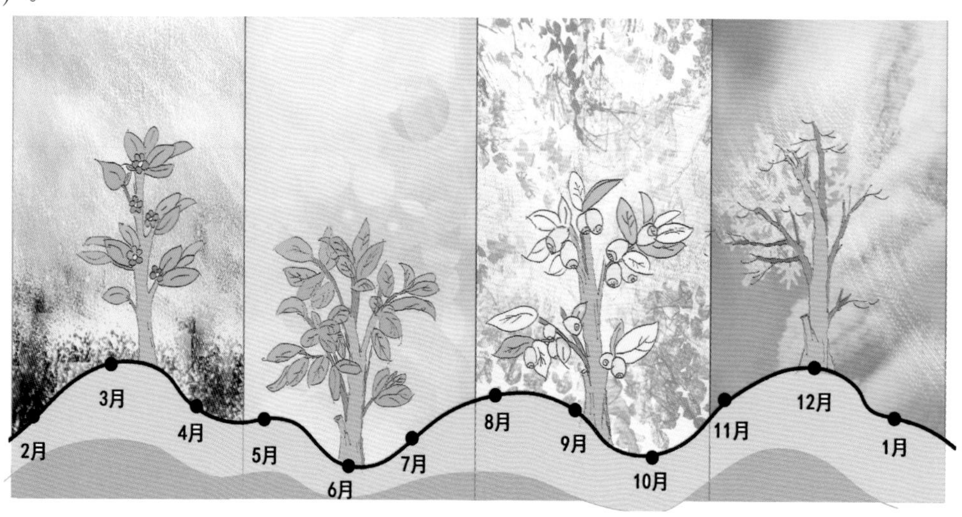

图 2-2　植物物候

2.3 植物物候学

植物物候学（phytophenology），是研究自然环境条件（气候、土壤、水文等）引起植物生活周期性变化的科学，即研究植物生长发育与环境条件的关系，它不仅能直观地指示自然季节的变化，还能表现出植物对自然环境变化的适应（图 2-3）。

图 2-3　植物物候学

2.4 物候相

物候相（phenophase），是指生物或非生物随季节变化出现的物候特征现象（图 2-4）。例如，植物的发芽、展叶、现蕾、开花、果熟、落叶等。确认物候相的出现是物候观测的首要任务，并依此记录物候出现日和计算物候期。

图 2-4　物候相

2.5 物候日

物候日（phenodate），是指物候相出现的具体日期（图 2-5）。

图 2-5　物候日

2.6 物候期

物候期（phenological period）是指植物的生长、发育等规律与生物的变化对季令和气候的反应，正在产生这种反应的时候叫物候期（图 2-6）。通过观测和记录一年中植物的生长荣枯和环境的变化等，比较其时空分布的差异，探索植物发育过程的周期性规律，及其对周围环境条件的依赖关系，进而了解气候的变化规律，及其对植物的影响。

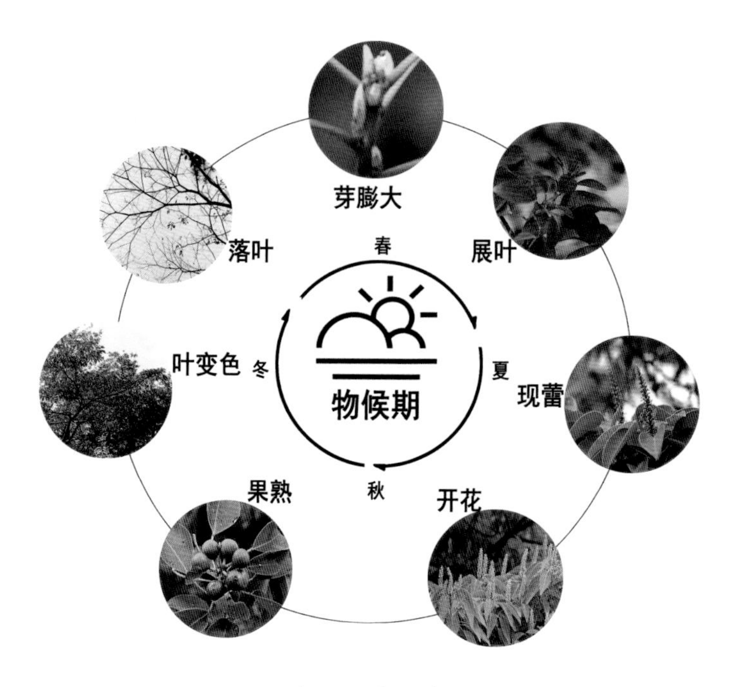

图 2-6 物候期

2.7 鳞芽与裸芽

按芽鳞的有无，可分为鳞芽（protected bud）和裸芽（naked bud，图 2-7）。有芽鳞片包被的芽，叫鳞芽，芽鳞片是叶的变态，有厚的角质层，有时还覆被着毛茸或分泌的树脂黏液，借以降低蒸腾和防止干旱、冻害，保护幼嫩的芽。芽外面没有鳞片，只被幼叶包着，称为裸芽。

鳞芽

裸芽

图 2-7 鳞芽与裸芽

2.8 隐芽

隐芽（hidden bud），又称潜伏芽。树木上不能按时萌发的休眠芽（图 2-8）。叶腋中不明显的副芽以及枝梢下位常多年潜伏不萌发的芽。

图 2-8　隐芽

2.9 枝芽和花芽

按芽的性质或所形成的器官，可分为枝芽（branch bud）和花芽（floral bud，图 2-9）。芽开放后形成枝叶的叫叶芽，发展为花或花序的芽叫花芽。

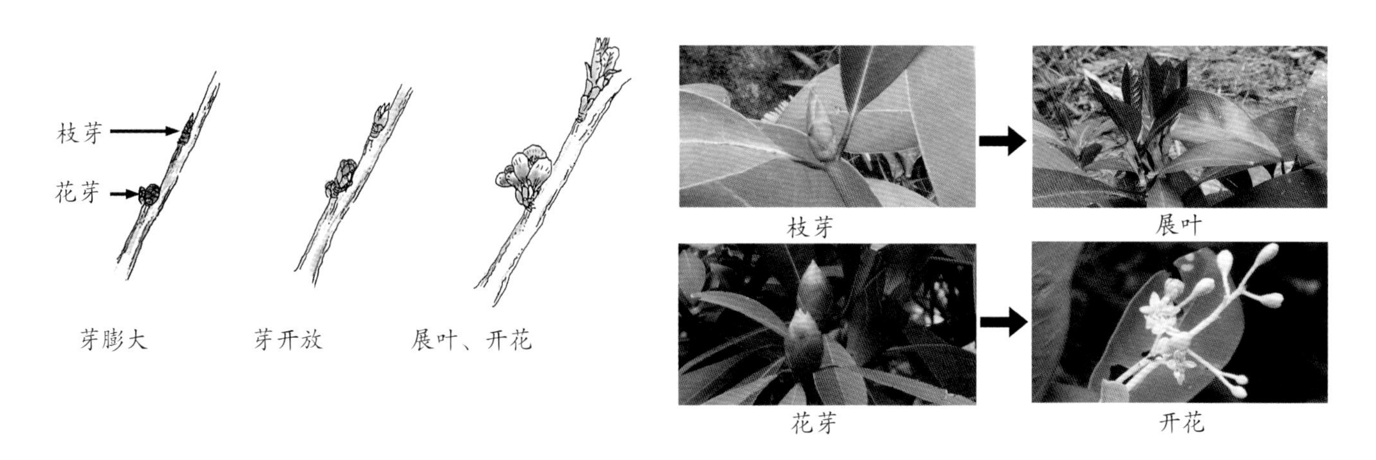

图 2-9　枝芽与花芽

2.10 地面芽和地下芽

地面芽（ground bud）又称浅地下芽或半隐芽，更新芽位于近地面土层内；更新芽埋于土表以下，或位于水体中以度过恶劣环境的叫地下芽（underground bud，图 2-10）。

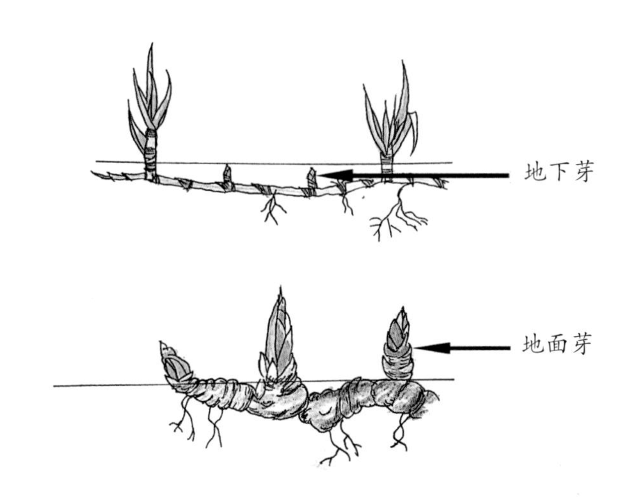

图 2-10　地面芽与地下芽

第 3 章 物候观测的主要内容

3.1 观测对象的选择

植物物候监测所选择的观测对象一般符合相关要求：① 应具有广泛代表性，如当地常见的、分布较广的植物；② 本气候带内特有的植物；③ 指示性强、对季节变化反应明显而有明显物候现象出现的植物，如秋色叶植物；④ 所处地形、植被等生态环境有代表性的观测对象，如群落中物候观测的对象可以选择优势种或所有植物；⑤ 有历史物候观测资料或众多国家都有过观测资料的植物；⑥ 有特殊需要的可以根据需要选择。

除符合以上的原则外，观测对象应生长发育正常，木本植物达到开花结果 3 年以上的植株，同一观测点一般每种选择 3~5 株，草本植物应在多数植株中选定若干株。群落监测的则是在样地内选择种类符合条件的所有个体。观测对象须由科研院所等专家进行物种鉴定，有准确的中文名和学名。

3.2 观测点的选择

根据观测对象选择观测点，观测点要考虑地形、土壤、植被的代表性；观测点要稳定，避免人居环境等小气候的影响，不轻易变动，以便进行长期连续观测。如研究目的是服从群落分析的需要，则需依据群落类型设立一定面积的永久样地，按取样规则确立一定数量的观测植物。为了便于观测和维护，选择距离较近的地方建立物候观测点，周围加以维护，建立围栏，设置标示牌，避免人畜破坏。观测点选定后，观测点的地理位置（经纬度）、海拔高度、地形（坡度、坡向等）、土壤性质、观测植物物种名、植物大小（年龄）等均需详细记录，并进行标记、编号挂牌，把所有基础资料建立档案。

3.3 观测项目

3.3.1 植物物候相观测

植物随季节变化出现的一定的物候特征，植物物候相观测即观测植物群体出现的候应现象，如植物的发芽、展叶、现蕾、开花、果熟、落叶等。确认植物物候相的出现是植物物候观测的首要任务，并依此记录植物物候出现日并计算物候期。

3.3.2 植物物候日观测

植物物候日指植物物候相出现的日期，即植物群体物候相出现的日期，有物候始日、盛日、终日等。有时物候期是根据某物候现象开始出现的日期进行估算的，因此要特别重视开始期的观测。

3.3.3 植物物候期观测

植物的生长发育规律对季令和气候会产生一定的反应，植物物候期观测就是对植物正在产生这种反应的时间以及植物群体某一物候相持续的时段（自始日经盛日到终日）进行观测和记录。通过观测和记录一年中植物的生长荣枯和环境的变化等，探索植物发育过程中的周期性规律，比较植物时空分布的差异及其对生长环境的依赖关系，进而可以了解气候的变化规律及其对植物的影响。物候期观测可分重点观测和详细观测，重点观测着重观测关键物候期，有条件的可进行详细观测。将植物观测与其生长发育期内气候变化的资料、植物种类和品种差异进行综合研究，可分析造成物候日和物候期反常的原因。

3.4 观测时间

物候观测常年进行，以不漏物候期为原则，观测时间根据观测对象灵活掌握，物候现象变化较快的春季和秋季应增加观测频度。观察日应根据观察对象物候期的习性或当时气候选择一天中的某个时间（早晨、上午、下午等）进行观察。观测期间要随时观察记录气象，特别注意极端气候的记录。

第 4 章　监测方法

4.1 人工观测方法

物候监测有多种方法，本研究中主要采用的是人工观测法（图4-1）。人工观测法是最常用最直接的一种方法，中国的物候观测普遍按照《中国物候观测方法》（宛敏渭等，1987）进行。通过人工记录特定植物或种群生长与发育过程（发芽、展叶、开花、结果、叶片枯黄等）的出现日期进行物候的观测研究，是较为传统的方式。人工记录主要是采用一定的规范与标准，记载群落内关键或优势植物种群的展叶、开花和凋落等物候信息。同时，人工记录也包括各类书籍和资料中关于物候方面的记载，为研究气候变化背景下植物和群落的长期物候变化，以及重构过去气候等研究提供了重要的数据。

人工记录是最为直观、准确的物候获取方法。由于其可以得到植物发育过程中的各个物候，使得植物不同生长发育阶段的研究得以实现。但需要指出的是，一方面人工记录只能实现对群落内有限物种的物候观测，同时，多区域的连续观测需要较多的人力投入；另一方面，不同观测人员的判断标准可能存在一定差别，特别是对于群落的人工记录更为明显，在准确反映整体群落或生态系统尺度的物候变化方面存在较大的不确定性。因此，根据前人的物候监测方法，制定本项目具体的物候期标准。以植物生长发育的物候节律为指标，采用定点定株定时的物候监测方法，对样地内挂牌植物进行长期监测。到野外现场进行物候观测工作，物候变化较快的季节应增加观测频度，详细记录植物物候特征、拍摄具有明显物候特征的彩色照片等。

图 4-1　人工观测

4.2 自动观测技术

利用高分辨率数字相机可以实现对植物生长状况的连续观测。自动观测技术即通过对单株植物的高频自动拍照和人工目测图像解译，提取和确定植物生长发育阶段等方面的信息，以获取植物的物候变化。用相机拍摄手段观测物候期，自动拍摄、数据网络传递等新技术便于数据处理，极大节省人力（图 4-2）。相对于人工记录方式，相机在安装和调试完成后，可自动运行，减少了人工成本以及人工观测带来的对环境的破坏干扰。更为重要的是其可进行高频、连续取样，避免了关键物候时期的遗漏。与人工记录方式相似，该方法也往往用于群落内有限物种的动态监测，对于物种丰富的群落而言，监测对象的增加需要较大的设备成本和人工投入。此外，对单个植株的自动拍照技术只能提取物种水平的物候信息，无法反映群落和生态系统尺度的物候变化（曹沛雨等，2016）。2020 年以来，本研究的固定样地中已安装了一些物候相机用于物候监测。

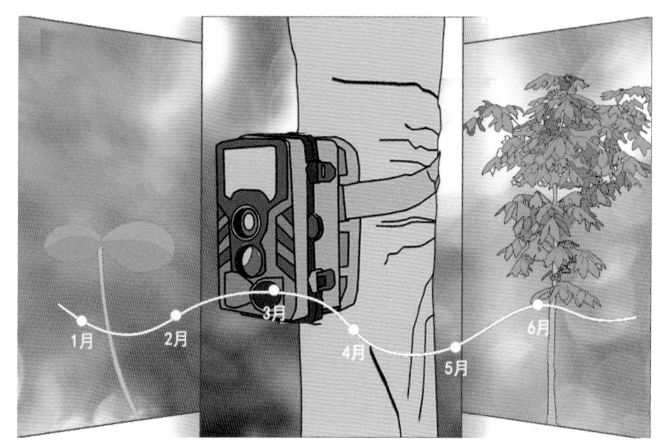

图 4-2　物候相机自动观测

4.3 卫星遥感监测法

用遥感技术描述群落和生态系统水平上的物候变化，进行地区、国家甚至全球领域的监测（图 4-3）。基于遥感生成的 NDVI（归一化植被指数）时间序列数据是目前研究常用的物候数据源，可用于分析植被物候期的变化趋势（侯美婷等，2012；何月等，2012）。

相对传统物候观测是对物候直接观测，观测对象为叶片、单株植物或种群，遥感技术是对植被物候的间接获取，更强调对生态系统植被冠层生长过程的整体观测。同时，相较于小范围和非连续的物候直接观测，间接提取途径往往基于连续观测数据获取长时间和大尺度的植被物候信息。数据主要包括：温度观测资料、地面通量观测数据、近地面遥感资料等。

本研究中也下载运用了一些卫星植被照片，但由于澳门面积较小，且上层天空长期有较浓重的云层和雾气笼罩，下载的多数卫星照片清晰度和分辨率欠佳。

图 4-3　卫星遥感监测

第5章　监测工具

物候监测方法有多种，卫星遥感监测和自动监测技术需要专业设备，人工观测法是最基础也是最容易操作的监测方法。本章主要介绍人工观测法的相关工具，以及野外观察、记录需要准备的用具。

GPS：测量观测对象经纬度和海拔高度；

皮尺、卷尺、胸径尺：样方设置、测量观测对象的高度和胸径等；

坡度计：测量观测点的坡度；

pH 试纸或酸度计：测量土壤酸碱度（pH）；

记录本：除物候记录表外，需要特别记录的内容，如撰写观测日记、绘制简易物候图等，采用笔记本进行记录；

笔：铅笔、签字笔均可，用于填写物候记录表格等；

地图：标示观测对象位置或群落样地范围；

高枝剪：用于植株较高，肉眼观察不清时，用高枝剪把小枝条剪下观察；

望远镜：高大的乔木，用肉眼很难清楚地观察到植株顶端的物候，需配备望远镜才能观察，一般采用20倍左右的双筒望远镜；

照相机：照片能直观清楚地反映当时植物物候相特征，野外物候监测时最好用数码相机拍摄主要物候相，留作图片资料备用，根据监测需要可设置红外线防水物候相机，可定时、连续拍摄植物各生长阶段的物候变化照片；

户外用品：主要包括穿戴类用品如野外服、户外鞋、太阳帽等，雨天还要准备雨衣、雨伞、雨鞋等雨具；

药品：防蛇、蚊虫、蜂等临时用药；

物候记录表：植物物候观测记录表内容包括观察人、观察对象、观察地点、时间、当时的天气、物候期等，如有多个观测对象，可对其进行挂牌编号，为了节省时间和做到规范准确，先列出各物候期，记录时勾选对应物候期，详见第12章，本物候记录表是根据“第9章 植物物候期监测标准”的要求，按蕨类、乔木和灌木、草本3类植物的物候期制定，在野外物候监测中，要认真观察植物物候特征、准确判断物候期、详细填写物候记录表。

图5-1　相关监测工具示图

第6章　澳门自然概况

澳门特别行政区（以下简称“澳门”），葡萄牙语（以下简称“葡语”）Macau，英语 Macao，位于中国大陆东南沿海，地处广东省珠江口西南岸，位于 113º31′41.4″~113º37′48.5″E，22º04′36.0″~22º13′01.3″N。北与珠海市的拱北接壤，西与珠海市的湾仔、横琴岛隔水相对，东隔珠江口与香港相望，南则毗邻浩瀚南海。澳门由澳门半岛、氹仔和路环二岛组成，陆地总面积为 32.9 km^2（澳门地图绘制暨地籍局，2021）。澳门属于南亚热带海洋性气候，1981—2010 年近 30 年的年均气温 22.6℃，年均降水量 2000 mm 以上，降水集中在春夏季，台风季节为 5~10 月，其中 7~9 月最频繁。

澳门半岛原是海中岛屿，因连陆洲发育而成半岛。它形似一靴，伸向西南，南北长约 4 km，最东端和最西端相距约 3.4 km。澳门地形南高北低，由南向北倾斜，地势以东北—西南走向为主，海岸线长达 76.7 km（澳门地图绘制暨地籍局，2018）；地貌以平地（47.56 %）和丘陵（47.32 %）为主。最高点位于路环岛的塔石塘山，海拔 170.6 m，主要的丘峰还有位于澳门半岛的东望洋山（90.0 m）及氹仔岛的大潭山（158.2 m）。岩石主要为花岗岩，土壤以由花岗岩发育而成的赤红壤为主，呈酸性（pH 4.84~5.70）。澳门拥有 593 hm^2 绿地，绿化覆盖率 21%~22%。

澳门由于开埠较早，人类的活动对植被的影响很大。尤其在澳门半岛，自然植被遭到了严重的破坏，目前仅在西望洋山、青州山、莲花山、东望洋山等处见有少量的次生南亚热带常绿阔叶林及稀疏灌丛。氹仔岛开发历史晚于澳门半岛，自然植被虽然也遭到了破坏，但在小潭山及大潭山处，2~4 m 高灌丛群落分布仍较为普遍。澳门的天然群落主要集中分布于路环岛，这里由于远离市区，人为干扰相对较少，岛上普遍分布着大片的灌丛至小乔木群落(刘南威等，1992；邢福武等，2003；王发国等，2005)。近年来，澳门特区政府对氹仔岛和路环岛进行荒山改造、绿化优化，补种了木兰科、壳斗科、红树科等科属绿化树种，大潭山和路环分布着大片的小乔木至中等乔木群落。

澳门地带性植被为南亚热带季风常绿阔叶林，植物区系中热带、亚热带分布属所含比例大，尤其以泛热带分布属占显著优势，与广东植物区系渊源密切。《澳门植物志》（2005—2007 年）记载维管植物 206 科 866 属 1508 种，其中野生种类 158 科 525 属 812 种。含 15 种以上的科有禾本科、菊科、莎草科、茜草科、大戟科、桑科、蝶形花科、马鞭草科和兰科。植物资源丰富，其中，药用植物有土沉香（*Aquilaria sinensis*）、何首乌（*Fallopia multiflora*）、谷精草（*Eriocaulon buergerianum*）、草豆蔻（*Alpinia hainanensis*）等 500 多种；野生观赏植物有阴香（*Cinnamomum burmannii*）、山杜英（*Elaeocarpus sylvestris*）、桃金娘（*Rhodomyrtus tomentosa*）、野牡丹（*Melastoma candidum*）、朱砂根（*Ardisia crenata*）、石斑木（*Rhaphiolepis indica*）等 400 多种；野生果蔬植物有余甘子（*Phyllanthus emblica*）、紫玉盘（*Uvaria macrophylla*）、岭南山竹子（*Garcinia oblongifolia*）、鸡柏紫藤（*Elaeagnus loureioi*）等 200 多种。还有许多的蜜源植物、油脂植物、芳香植物、纤维植物、淀粉植物等。

澳门的植被主要有乔木群落、灌丛群落、草本群落等，湿地植被较少，人工林零星分布，植物资源丰富（邢福武等，2004）。澳门的次生性南亚热带常绿阔叶林，次生乔木群落主要分布于澳门半岛，乔木种类较少，优势种有阴香、假苹婆（*Sterculia lanceolata*）、白楸（*Mallotus paniculatus*）、山蒲桃（*Syzygium levinei*）、破布叶（*Microcos paniculata*）和翻白叶树（*Pterospermum heterophyllum*）等。灌丛群落在氹仔大潭山和小潭山有分布，路环分布最多，以豺皮樟（*Litsea rotundifolia* var. *oblongifolia*）、广东蒲桃（*S. kwangtungense*）、细齿叶柃（*Eurya nitida* ）、鹅掌柴（*Schefflera heptaphylla*）、石斑木、桃金娘、羊角拗（*Strophanthus divaricatus*）、酸藤子（*Embelia laeta*）等为优势种。草本群落覆盖面积较小，主要由刺芒野古草（*Arundinella setosa*）、芒萁（*Dicranopteris pedata*）、青香茅（*Cymbopogon caesius*）、鹧鸪草（*Eriachne pallescens*）、黄茅（*Heteropogon contortus*）、白茅（*Imperata cylindrica*）、粗毛鸭嘴草（*Ischaemum barbatum*）、细毛鸭嘴草（*I. indicum*）、类芦（*Neyraudia reynaudiana*）等组成。湿地植被常见的植物种类有芦苇（*Phragmites australis*）、秋茄（*Kandelia candel*）、蜡烛果（*Aegiceras corniculatum*）、老鼠簕（*Acanthus ilicifolius*）、鱼藤（*Derris trifoliata*）、苦郎树（*Volkameria inermis*）、黄槿（*Talipariti tiliaceum*）等。滨海植被有滨海砂生植被和滨海崖壁植被，主要的种类有露兜树（*Pandanus tectorius*）、厚藤（*Ipomoea pes-caprae*）、单叶蔓荆（*Vitex trifolia* var. *simplicifolia*）、蔓荆（*V. trifolia*）、苦郎树、海刀豆（*Canavalia maritima*）、草海桐（*Scaevola sericea*）、铺地黍（*Panicum repens*）、箣柊（*Scolopia chinensis*）、海岛藤（*Gymnanthera oblonga*）、酒饼簕（*Atalantia buxifolia*）、刺葵（*Phoenix hanceana*）、笔管榕（*Ficus superba*）等。

根据2021年国家林业和草原局、农业农村部发布的《国家重点保护野生植物名录》，澳门有3种国家二级重点保护野生植物，包括水蕨（*Ceratopteris thalictroides*）、金毛狗（*Cibotium barometz*）和黑桫椤（*Alsophila podophylla*）。列入濒危野生动植物种国际贸易公约（CITES）的有10多种野生兰科植物。此外，还有被当地作为纪念树、景观树的华润楠（*Machilus chinensis*），在澳门只有几株大树，稀见幼树，为澳门较稀有树种。这些植物资源对于维持澳门和周边地区的生态平衡、植物资源的可持续利用都具有重要的意义。目前，澳门特别行政区政府已建立了许多保育区，如公园、郊野公园、树木园、湿地保护区，为植物特别是珍稀濒危植物的保护提供了良好的场所。

第 7 章　监测固定样地设置

植物物候的监测必须坚持定点定株、长期持续的研究工作，评估与研究结果才有可比性和科学性，为气候变化对植物影响提供科学数据。本研究以植物生长发育的物候节律为指标，采用定点定株定时的物候监测方法，对样地内的乔木、灌木和草本植物进行全面监测。选择沿澳门中心区（澳门半岛 - 松山）至近郊区（氹仔 - 大潭山），再到远郊区（路环 - 九澳角和黑沙水库），选择澳门典型植物群落类型如高大乔木群落、小乔木群落、滨海灌丛群落和以华润楠和白桂木为优势种的群落，设置永久样地，从群落水平上开展植物物候研究。样地的地理位置从近山顶、山腰至近海边，环境相对平缓，人类活动相对较少，且便于野外观测。

7.1 物候监测固定样地概况

7.1.1 松山样地

松山样地（113°32′47″E，22°11′51.5″N；图 7-1）临近东望洋炮台，海拔约 90 m，面积 800 m^2。松山地处于澳门半岛中央，因其曾经广泛种植马尾松而得名为松山。松山样地设立于松山市政公园大炮台旁，位于近山顶、坡度较小、相对平缓的位置，朝向东南。松山样地拥有澳门发展较好的高大乔木群落，是自然形成近顶级群落，松山样地物种较丰富，此样地具备澳门绝无仅有的大乔木群落，群落发育良好，已演替成为澳门南亚热带季风常绿阔叶林的近顶极群落。但 2017 年 8 月 23 日强台风“天鸽”对该群落造成较大的危害，群落内有些大树折断或倒伏，群落结构有所改变。该区呈现亚热带气候兼有温带气候的特性，秋季和冬季干燥寒冷，春夏季节温暖潮湿。本群落共有监测植物 44 科 80 属 88 种，乔木或灌木 48 种，草本 14 种，藤本植物 26 种。其主要乔木有阴香、假柿木姜子（*Litsea monopetala*）、山乌桕（*Triadica cochinchinensis*）、假苹婆、蒲桃（*S. jambos*）等，主要灌木有九节（*Psychotria asiatica*）、白楸、假鹰爪（*Desmos chinensis*）、鸡柏紫藤等，藤本植物有异叶地锦（*Parthenocissus dalzielii*）、小果葡萄（*Vitis balansana*）、曲轴海金沙（*Lygodium flexuosum*）等，草本植物有半边旗（*Pteris semipinnata*）和海芋（*Alocasia odora*）等。

7.1.2 大潭山样地

大潭山样地（113°34′10.67″E，22°09′37.15″N；图 7-1）位于大潭山郊野公园东面环山步行径两侧，为山谷，近山腰的平缓位置，朝北，海拔 129 m，面积 400 m^2。大潭山样地是发育最好的高灌丛向乔木群落演替的类型，群落类型与物种组成具有代表性。本群落为小乔木群落，共有监测植物 40 科 69 属 80 种，乔灌木 40 种，草本 13 种，藤本植物 27 种。主要乔木有木荷（*Schima superba*）、山乌桕、乌桕（*T. sebifera*）、假苹婆、豺皮樟等，灌木有九节、鹅掌柴、亮叶猴耳环（*Pithecellobium lucidum*）、梅叶冬青（*Ilex asprella*）等，藤本植物有苍白秤钩风（*Diploclisia glaucescens*）、亮叶鸡血藤（*Callerya nitida*）、牛白藤（*Hedyotis hedyotidea*）等，草本有异叶双唇蕨（*Schizoloma heterophyllum*）、扇叶铁线蕨（*Adiantum flabellulatum*）和芒萁、淡竹叶（*Lophatherum gracile*）等。

7.1.3 九澳角样地

九澳角样地（113°35′29.03″E，22°07′45.90″N；图 7-1）位于路环东部沿海，近海边，朝南，海拔 25~26 m，面积 400 m^2。九澳山植被由 20 世纪 60 年代人工种植台湾相思和木麻黄后经 35~50 年自然恢复而来，该样地是典型海滨高灌丛先锋群落，具有丰富的滨海灌丛植物种类。本群落为澳门代表性海滨灌丛植物群落，共有监测植物39科63属67种，乔灌木37种，草本7种，藤本植物23种。主要乔木有豺皮樟、台湾相思（*Acacia confusa*）、广东蒲桃、鹅掌柴、细齿叶柃等，灌木有九节、白楸等，藤本有酸藤子、夜花藤（*Hypserpa nitida*）、匙羹藤（*Gymnema sylvestre*）、玉叶金花（*Mussaenda pubescens*）和鸡眼藤（*Morinda parvifolia*）等，草本植物有山麦冬（*Liriope spacata*）、白子菜（*Gynura divaricata*）和淡竹叶等。

7.1.4 黑沙样地

黑沙样地位于路环黑沙水库郊野公园，主要是以华润楠和白桂木为优势种设置的样地（图7-1），在此基础上再分为华润楠样地和白桂木样地，两个样地均为常绿阔叶林的乔木群落。华润楠样地（113°34′18.47″E，22°07′46.11″N），位于黑沙水库尾部步行径上方的山窝处，海拔65 m，样地面积100 m^2，主要物种有华润楠、绒毛润楠（*M. velutina*）、白楸、鹅掌柴、龙须藤（*Bauhinia championii*）、夜花藤和草珊瑚（*Sarcandra glabra*）等。白桂木样地（113°34′23.52″E，22°07′40.44″N），位于山谷，海拔85 m，样地面积100 m^2，主要物种有白桂木（*Artocarpus hypargyreus*）、猪肚木（*Canthium horridum*）、锡叶藤（*Tetracera asiatica*）、青江藤（*Celastrus hindsii*）、鹅掌柴、夜花藤和淡竹叶等。

7.2 铭牌监测对象

为了明确监测对象，便于观察、记录，并保持植株个体数据长期连续性，可根据植物本身生长特性，对样地内乔灌木胸径（离树干基部1.3 m处）、藤茎直径大于等于1 cm的达到开花结果的成熟植株挂牌，样地内代表性的蕨类和其他草本植物进行标牌。

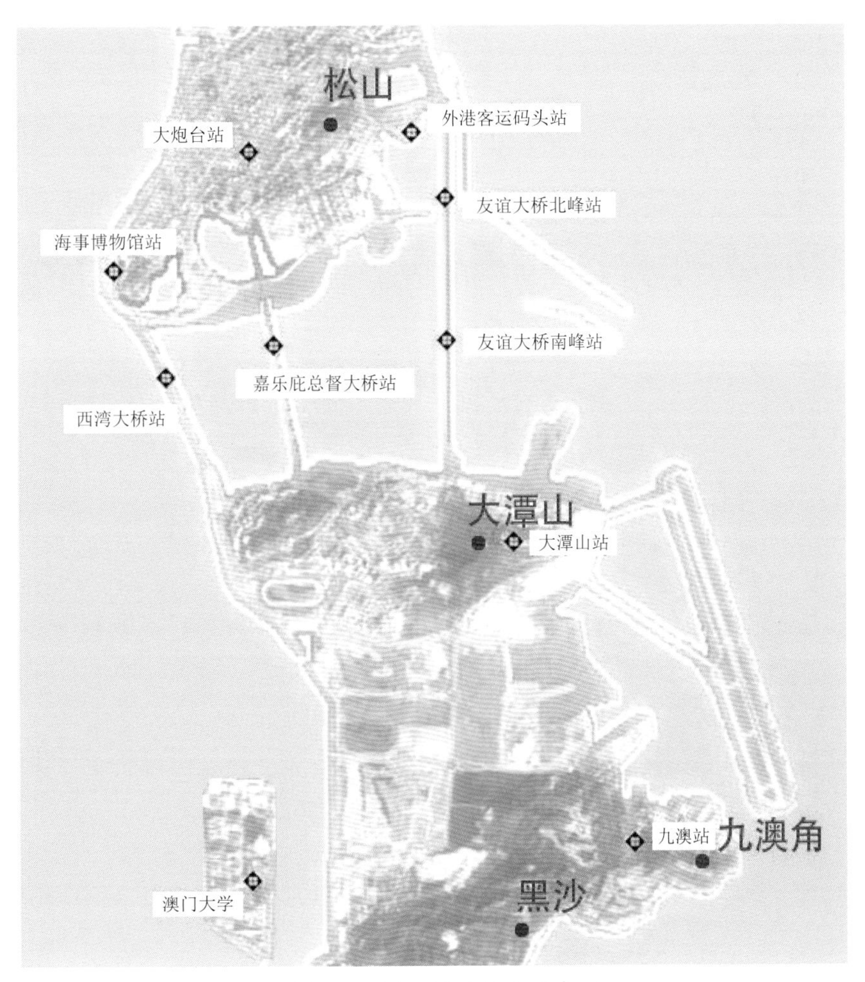

图7-1　固定样地位置示意图

第 8 章　气象和气候因子的监测

气象和气候因子的监测主要包含常规气象指标，包括温度、气压、湿度、风、降水等。规定观测记录某种现象的初日（初次）、终日（末次）的项目，除地面气象观测有记载的项目外，临近终日每次出现这种现象都应记录，以免漏记。野外监测时同时记录气象指标，但人工记录气象资料只局限于监测当时和简单的气象指标，难以做到连续性，可向就近的气象部门获得。气象部门的气象数据较全面，但其监测点可能距离物候监测点较远，不能准确地反映监测点的气候。现在多数气象可进行自动观测，自动观测的气象要素多通过自动气象站及便携式小型气象仪在野外进行实时监测和传输，这也是目前应用最为广泛的气象要素观测方式。

在研究团队进行植物物候监测的同时，由澳门特别行政区地球物理暨气象局进行气候因子的平行观测，详细记录每日的最高温、最低温、平均温度、最高湿度、最低湿度、平均湿度、降雨量、日照时数等，气候因子观测结果也由该单位整理并提供。

本研究中亦采用了简易的 HOBO 温湿记录仪（图 8-1）和光温记录仪（图 8-2），设置在树干上，每隔 1 小时自动记录一次数据，每月收集一次数据，简易方便。但这些记录仪也存在一些缺点，在野外的环境中，可能被动物、断树枝等弄破感应膜而损坏。此外，由于澳门特殊的地理位置，经常遭受强台风吹袭，记录仪也常被台风袭击而破坏。因此，应及时收集数据，经常检查记录仪是否正常工作，发现损坏记录仪及时更换。长期的监测点可设置小型气象站（图 8-3），连续自动监测各种气象指标，常规气象指标可实现自动观测与记录。

图 8-1　温湿记录仪

图 8-2　光温记录仪

图 8-3　小型气象站

第 9 章　植物物候期监测标准

植物物候监测是一项耗时长、工作量大的工作，在野外植物物候监测中，要在短时间内对物候期、物候特征做出准确判断，这对野外监测人员素质提出很高的要求，不同的监测人员的判断标准亦存在主观差异。为了减少人为误差和提高野外观测工作效率和判断物候期的准确性，在此，根据编者多年物候监测经验，并结合前人的研究资料（宛敏渭等，1987），编制了简明的维管束植物物候期标准，包括乔灌木、草本植物、蕨类植物。为了增加观测的直观效果，每种物候期均附上具明显物候特征的彩色照片和手绘图片，这些彩色照片为研究期间植物物候监测时拍摄。

9.1 乔木和灌木物候期标准（图 9-1）

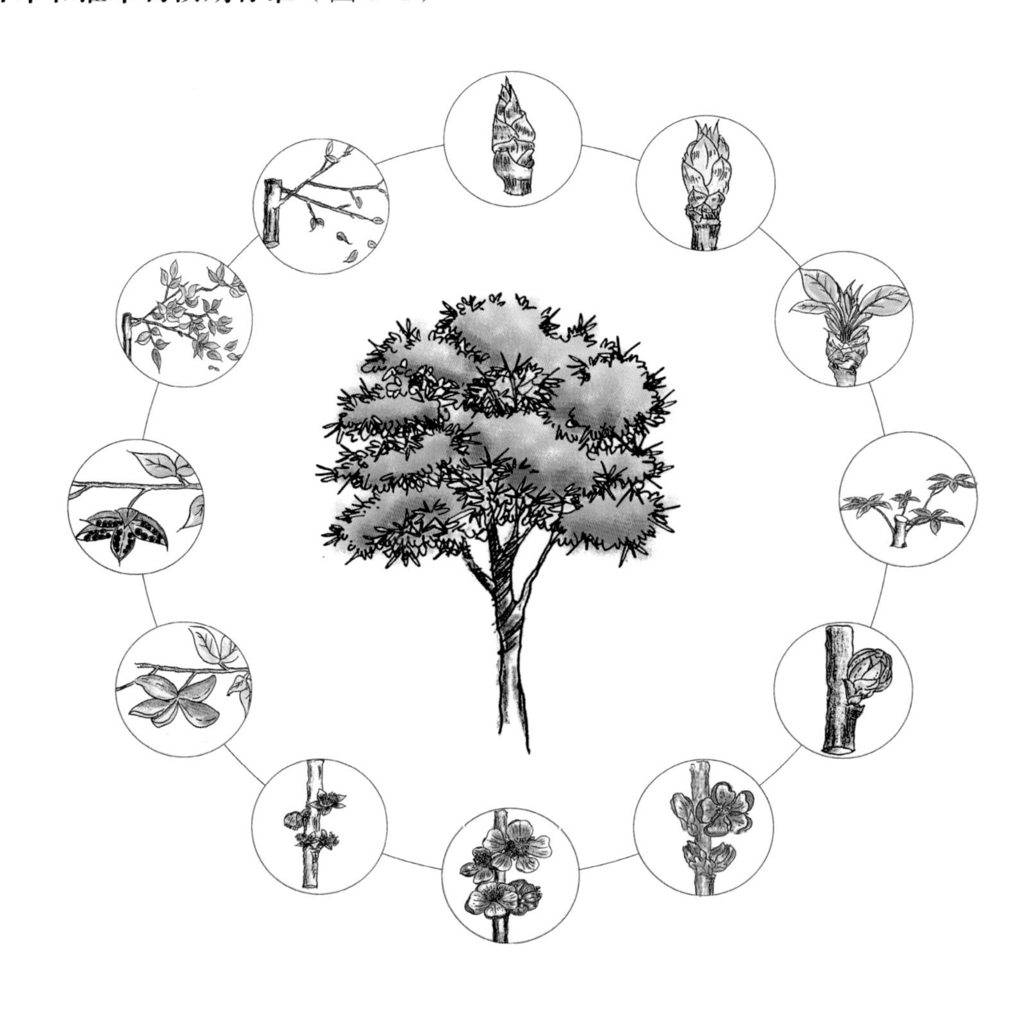

图 9-1　手绘乔木物候过程

9.1.1 芽膨大始期

当鳞芽的鳞片开始分离，侧面显露出线性或角形的淡色时；茸毛状芽则是当顶端出现比较透明的银色茸毛时即为膨大始期（图 9-2）。裸芽不记芽膨大始期。花芽和枝芽分别记录芽膨大时间。

图 9-2 芽膨大始期

9.1.2 芽开放期

当芽的鳞片裂开，芽的顶端出现新鲜颜色的幼叶尖端，或形成新的苞片而伸长时；如为隐芽（潜伏芽、休眠芽），当明显看见长出绿色叶芽时；芽膨大与芽开放不易辨认的，则统一记为“芽开放期”（图 9-3）。

图 9-3 芽开放期

9.1.3 展叶始期

当观测的植株上的芽从芽苞中发出卷曲的或者按叶脉折叠着的小叶，出现第 1 批有 1~2 片叶平展时，就是展叶始期（图 9-4）。

图 9-4 展叶始期

9.1.4 展叶盛期

在观测的树上有半数枝条上的小叶完全平展达到正常大小时，此为春色叶期即展叶盛期，亦可记录叶片颜色（图 9-5）。

图 9-5 展叶盛期

9.1.5 花蕾或花序出现期

当观测的树木上出现花蕾或花序蕾雏形时，就是花蕾或花序出现期（图9-6）。

图 9-6 花蕾出现期

9.1.6 开花始期

在选定同种的几株树木上，看见一半以上的树有一朵或同时有几朵花的花瓣开始完全开放，为开花始期（图9-7）。如只观测一株，有一朵或同时有几朵花的花瓣开始完全开放，即为开花始期。

图 9-7 开花始期

9.1.7 开花盛期

在观测的树木上有一半以上的花蕾都展开花瓣，或一半以上的柔荑花序散出花粉，或一半以上的柔荑花序松散下垂，为开花盛期（图 9-8）。

图 9-8 开花盛期

9.1.8 开花末期

在观测的开花树木上留有极少数的花，为开花末期；风媒传粉的树木，其柔荑花序停止散出花粉，或柔荑花序大部分脱落，为开花末期（图 9-9）。

图 9-9 开花末期

9.1.9 果实成熟期

当观测的树木上有一半的果实或种子变为成熟时的颜色，为果实或种子的成熟期（图 9-10）。有些树木的果实或种子不是当年成熟的应注明。

图 9-10 果实成熟期

9.1.10 果实脱落期

果实或种子从树上脱落的时间为果实脱落期（图 9-11），但有些树木的果实和种子，在当年年终前留在树上未脱落，这样在“果实脱落末期”栏可写“宿存”。

图 9-11 果实脱落期

9.1.11 秋季叶变色期

秋天叶片开始变色，为秋季叶开始变色期（图 9-12）。不能与夏天因干燥、炎热或其他原因引起叶变色混同。常绿树种无变色期，不记录。

图 9-12 秋季叶变色期

9.1.12 落叶期

当观测的树木秋季开始落叶，为开始落叶期；树上的叶片几乎全部脱落，为落叶末期（图 9-13）。落叶指秋、冬季的自然落叶，而不是因夏季干旱或发生病虫害的落叶。

图 9-13 落叶期

9.2 草本植物物候期标准（图 9-14）

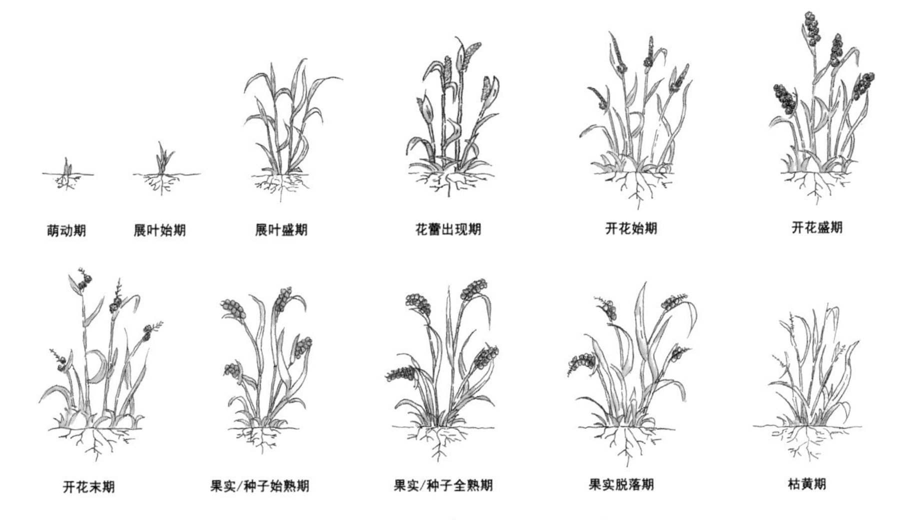

图 9–14 手绘草本植物物候过程

9.2.1 萌动期

草本植物有地面芽和地下芽越冬两种不同的情况，当地面芽变绿色时或地下芽出土时为芽的萌动期（图 9-15）。

图 9–15 萌动期

9.2.2 展叶始期

植株上开始展开小叶，为展叶始期（图 9-16）。

图 9–16 展叶始期

9.2.3 展叶盛期

当植株上有一半的叶片展开，为展叶盛期（图 9-17）。

图 9-17 展叶盛期

9.2.4 花蕾或花序出现期

当花蕾或花序开始出现时，为花蕾或花序出现期（图 9-18）。

图 9-18 花蕾或花序出现期

9.2.5 开花始期

当植株上初次有个别花的花瓣完全展开，为开花始期（图 9-19）。

图 9-19 开花始期

9.2.6 开花盛期

当植株上有一半以上的花瓣完全展开，为开花盛期（图 9-20）。

图 9-20 开花盛期

9.2.7 开花末期

花瓣快要完全凋谢，植株上只留有极少数的花，为开花末期（图 9-21）。

图 9-21 开花末期

9.2.8 果实或种子始熟期

当植株上的果实或种子开始变成成熟初期的颜色，为果实或种子始熟期（图 9-22）。

图 9-22 果实始熟期

9.2.9 果实或种子全熟期

当植株上的果实或种子有一半以上成熟，为果实或种子全熟期（图 9-23）。

图 9-23 果实全熟期

9.2.10 果实脱落期

当果实开始脱落时为果实脱落始期；当植株上有一半以上的果实脱落为果实脱落末期（图 9-24）。

图 9-24 果实脱落期

9.2.11 种子散布期

当种子开始散布时，为种子散布期（图 9-25）。

图 9-25 种子散布期

9.2.12 枯黄期

观测草本植物枯黄期，以植株下部的基生叶为准。当选定的观测植株下部基生叶开始枯黄，为开始枯黄期；达到一半枯黄时，为普遍枯黄期；全部枯黄时，为完全枯黄期（图 9-26）。

图 9–26 枯黄期

9.3 蕨类植物物候期标准（图 9–27）

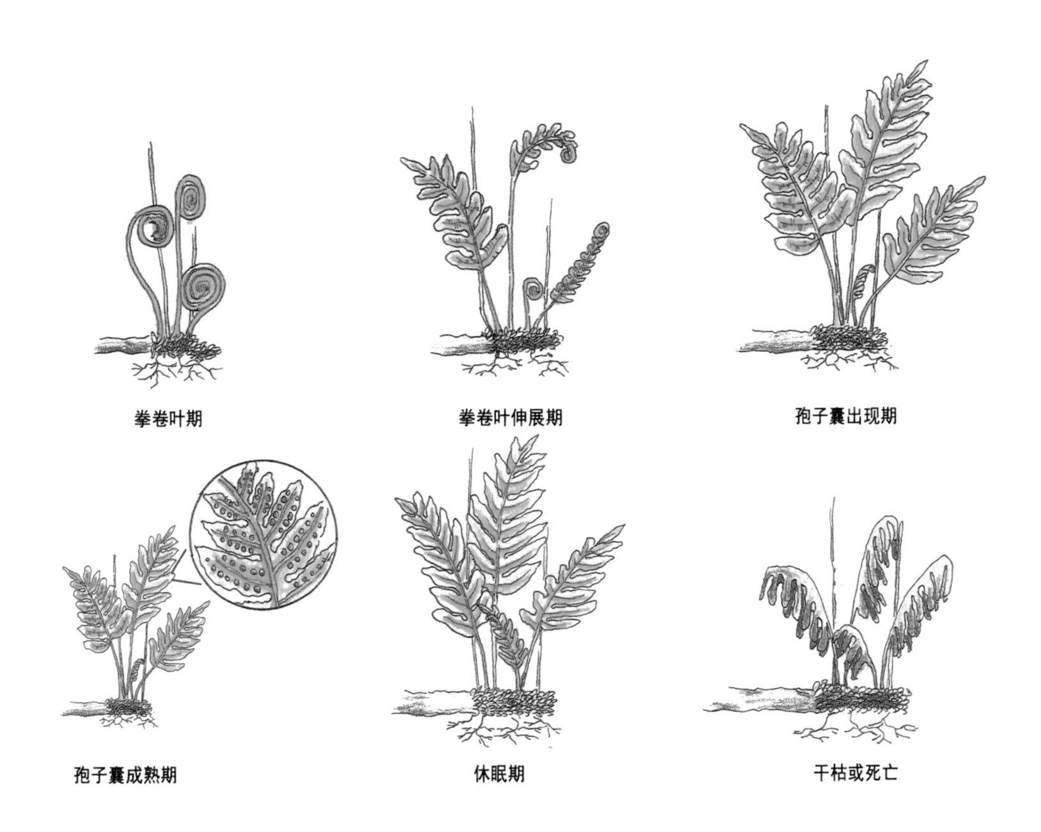

图 9–27 手绘蕨类植物物候过程

9.3.1 拳卷叶期

幼叶拳卷，未出现羽片时，即为拳卷叶期（图 9-28）。

图 9-28 拳卷叶期

9.3.2 拳卷叶伸展期

拳卷叶开始伸展现羽片至拳卷叶完全伸展成叶片时为拳卷叶伸展期（图 9-29）。

图 9-29 拳卷叶伸展期

9.3.3 孢子囊出现期

通常为叶背始出现孢子囊，颜色较淡时为孢子囊出现期（图 9-30）。

图 9–30 孢子囊出现期

9.3.4 孢子囊成熟期

当孢子囊群颜色变深，常为褐色或黑色，达到成熟时为孢子囊成熟期（图 9-31）。

图 9–31 孢子囊成熟期

9.3.5 休眠期

植物体生长发育暂时停顿，没有新芽或新叶的生长等即为休眠期（图 9-32）。

图 9-32 休眠期

9.3.6 干枯或死亡

叶片出现干枯，记录其占整丛植物的百分比，如整丛叶片全部干枯并全部生长点死亡则为死亡（图 9-33）。

图 9-33 干枯或死亡

第10章　数据收集保存

10.1 原始数据的收集

野外调查前需准备好物候监测记录表，不同类型的植物有不同的物候记录表，详见第12章，野外调查中必须详细记录，有些特殊的现象表格中没有对应的选项可在备注中注明，在野外有些情况可作简要记录，回到室内需进行补充完善，记录越详细越好，详细的记录可为以后的统计分析提供良好的参考。野外监测中，应多拍摄具明显物候特征的照片，照片是记录的最直观材料。

10.2 原始数据的保存

野外调查获得的原始数据，包括手写纸质记录、拍摄的照片或电子仪器计量的数据，均为野外物候监测的第一手资料，要保存好，以防丢失。纸质资料保存过程中要做防潮、防虫处理，最好扫描备存。照片和电子仪器计量的资料电脑保存，并用移动硬盘备份。做好文件分类归档，长期保存。

10.3 录入电脑

为了数据的永久保存、便捷应用，把野外调查的原始资料录入电脑。如长期积累数据较多，可根据所有原始数据和数据分析需要，找专业公司设计数据库。建立数据库保存，可为以后的统计分析带来便利。

第 11 章　数据的处理和分析

11.1 物候数据的整理方法

物候期的时间序列通常用儒略日（Julian day）表示，将物候发生时间转换成距当年 1 月 1 日的日数，并计算多年平均发生日。在此基础上，还可统计监测对象在一定时期内各物候期发生的个数所占总体的比例，得到物候频数或物候格局，以表示研究区各物候期发生过程或变化趋势（赵俊斌等，2009；陈发军等，2011）。局部地区物候现象相对稳定，年度变化较小，可用于编制自然历或划分季节（陈效逑等，1999）。

11.2 绘制物候图谱

物候图谱可以直观表现植物各个物候期起始和结束时间，描述植物生长发育规律。根据物候数据资料可绘制不同形式的物候图谱: ① 用明显物候相特征的彩色照片编制彩色物候图谱; ② 用不同的图例代表不同物候期，把一个长方形分为 12 个方形格，每格代表 1 个月，每格按图例标示出本月出现的物候期，这就是传统的方格形物候图谱（图 11-1）；③ 近年来，我们还用 R 语言绘制物候图谱，用不同的颜色代表不同的物候期，填充在相应的时间段内，绘制成彩色方格形（图 11-2）或圆环形物候图谱（图 11-3）等。

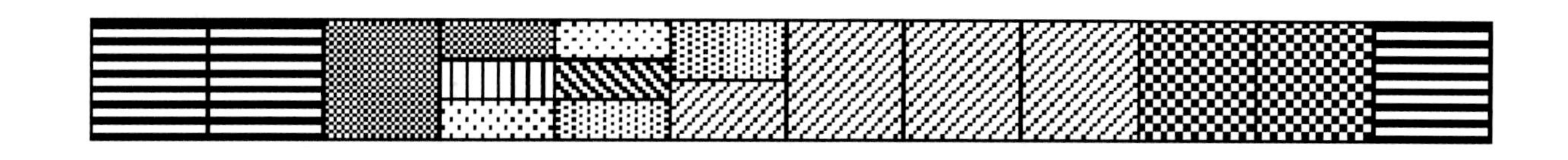

图 11-1　传统方格形物候图谱

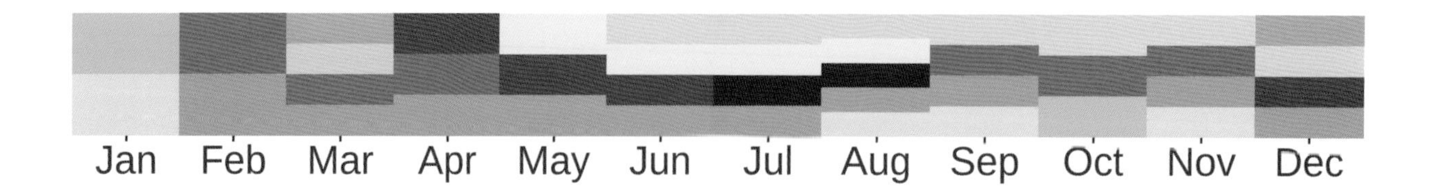

图 11-2　彩色方格形物候图谱

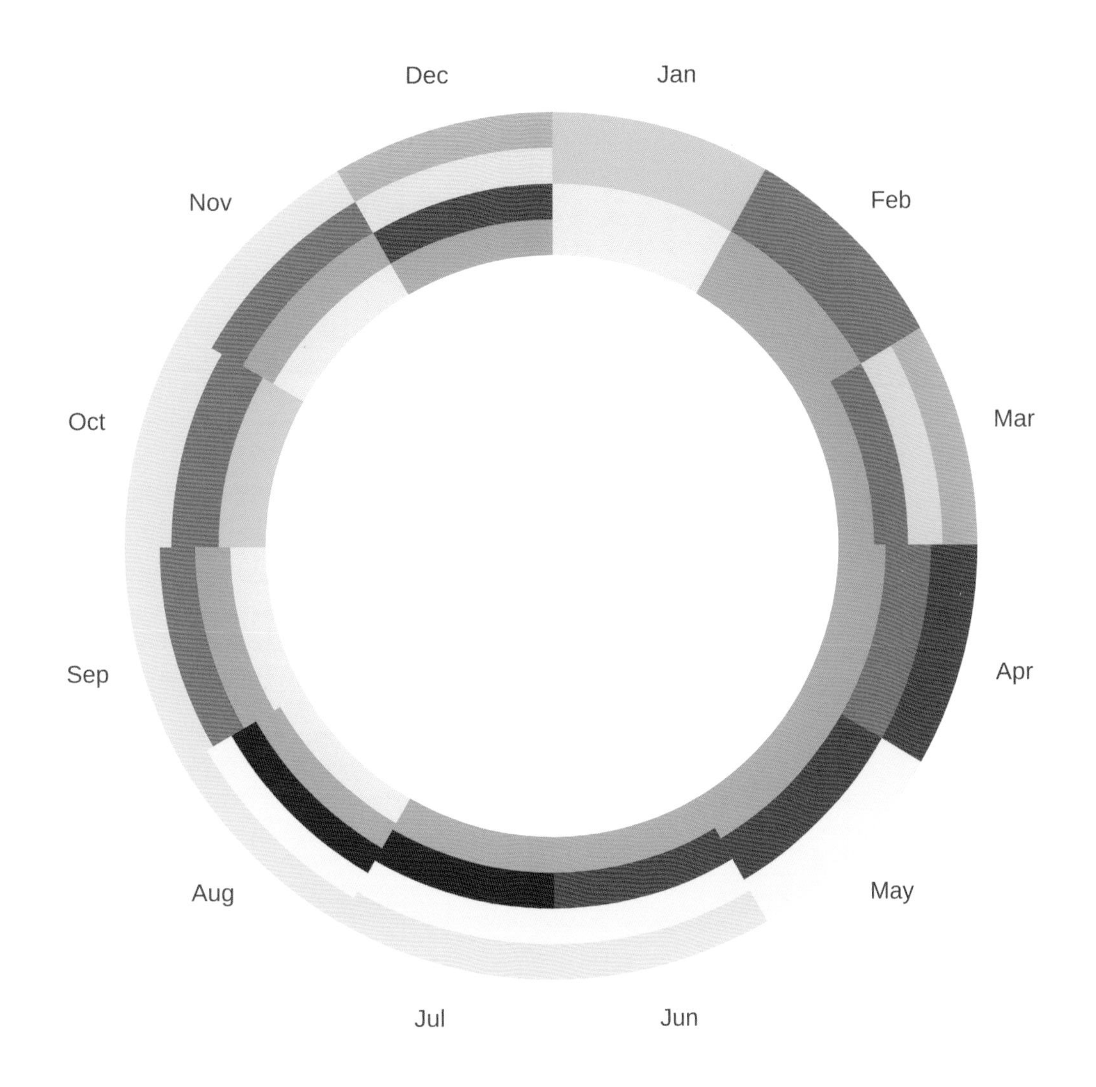

图 11-3　彩色圆环形物候图谱

11.3 统计分析方法

最常用统计学方法，如用Excel表格做常规数据统计；用相关或回归分析法分析物候变化与气候因子的关系；用聚类分析法为不同植物种类物候划分类型；分析气候要素对物候期的主次影响可用主成分分析法；物候期的变化和气象因子的变化相关性分析可采用SPSS软件等。统计分析方法很多，且不断更新，可以根据需要采用不同的统计方法。

第 12 章　物候监测记录表

表 1　乔、灌木植物物候监测记录

时间：　　地点：　　记录人：　　天气：

编号	植物名	芽膨大始期	芽开放期	展叶期		花蕾或花序的出现期	开花期			果期							叶变色期			落叶期			备注
				展叶始期	展叶盛期		开花始期	开花盛期	开花末期	幼果期	果实成熟期	果实成熟程度（%）	果实颜色	果实脱落开始期	落果程度（%）	果实脱落末期	秋季叶开始变色期	变色程度（%）	秋季叶完全变色	落叶始期	落叶程度（%）	落叶末期	
1																							
2																							
3																							
4																							
5																							
6																							
7																							
8																							

表 2　草本植物物候监测记录

时间：　　地点：　　记录人：　　天气：

编号	植物名	萌动期	展叶期		花蕾或花序的出现期	开花期			果期				枯黄期		备注
			展叶始期	展叶盛期		开花始期	开花盛期	开花末期	果实或种子始熟期	果实或种子全熟期	果实脱落期	种子散布期	开始枯黄期	全部枯黄期	
1															
2															
3															
4															
5															
6															
7															
8															

表 3　蕨类植物物候监测记录

时间：　　　地点：　　　记录人：　　　天气：

编号	植物名	拳卷叶期	拳卷叶伸展期	孢子囊出现期	孢子囊成熟期	休眠期	干枯或死亡期	备注
1								
2								
3								
4								
5								
6								
7								
8								

第 13 章　植物物候图例

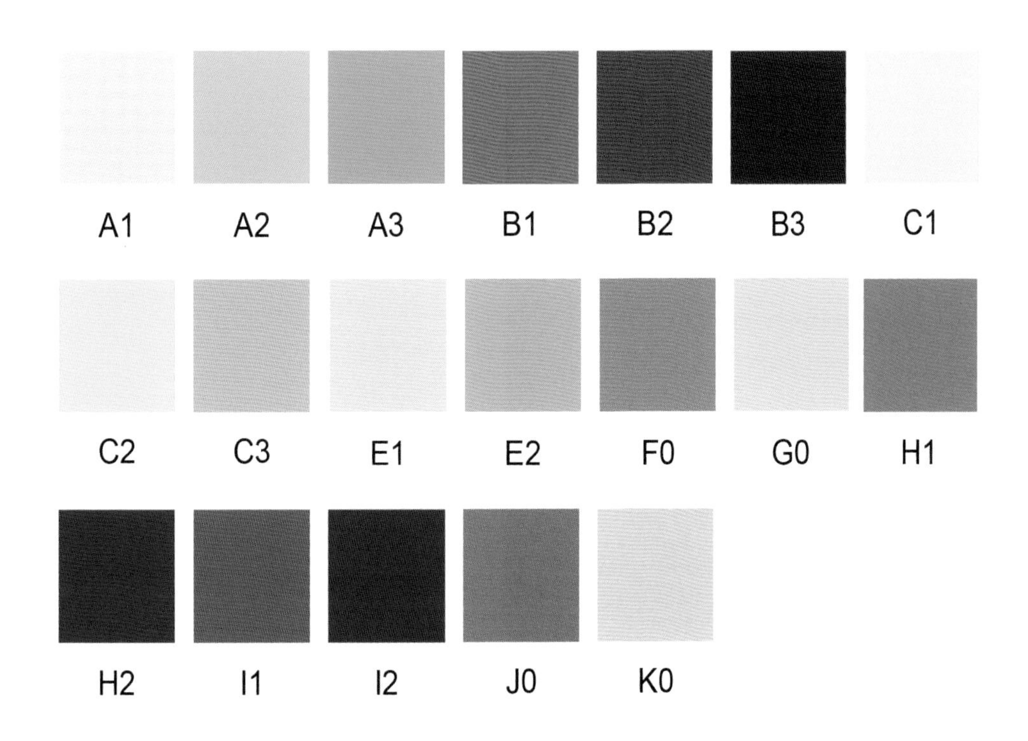

上述图例中以 A1~K0 不同的字母和颜色代表不同的物候期。

A1：芽开放和芽膨大始期或萌动期；
A2：展叶始期；
A3：展叶盛期；
B1：开花始期；
B2：开花盛期；
B3：开花末期或落花期；
C1：幼果期；
C2：果实成熟期；
C3：果实脱落或种子散布期；
E1：秋季叶变色期或枯黄期；
E2：落叶期；
F0：无叶期；
G0：无变化；
H1：拳卷叶期；
H2：拳卷叶伸展期；
I1：孢子囊出现期；
I2：孢子囊成熟期；
J0：干枯或死亡期；
K0：休眠期。

第14章　主要植物物候

14.1 蕨类植物

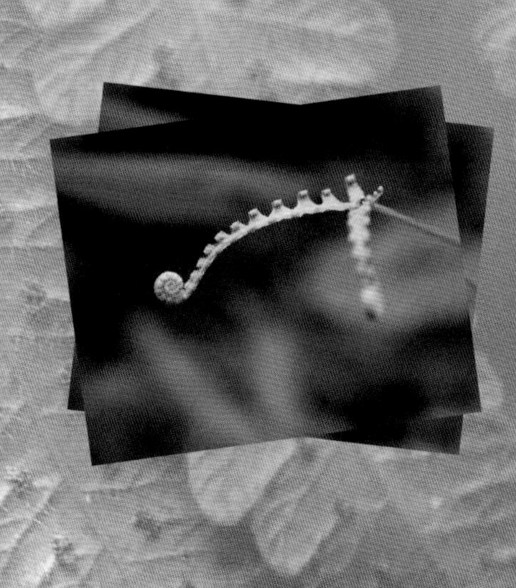

芒萁

别名：狼萁
英名：**Forked Fern**
葡名：**Feto Bifurcado**

Dicranopteris pedata (Houtt.) Nakaike in Enum. Pterid. Jap. 114. 1975. 澳门植物志 1: 20, 2005

拳卷叶期

特征 陆生蕨，植株高 45~120 cm，直立或蔓生。根状茎细长而横走，多分株而密被红棕色长毛。叶疏生，纸质，叶面黄绿色，叶背灰白色或灰蓝色，幼时沿羽轴及叶脉有锈黄色毛，老时逐渐脱落；叶轴一至多回分叉。孢子囊群着生于每组侧脉的上侧小脉中部，在主脉两侧各排成一行。芒萁能在贫瘠的酸性土上生长良好，在荒林地能形成平整稠密的地被，其翠绿的羽叶充满勃勃生机，适宜荒坡绿化。全草可入药。

分布 主要见于大潭山样地边缘，九澳角和黑沙水库样地有少量。氹仔、路环有分布。很常见，生于向阳的荒坡或疏林中。长江以南各地均有分布。日本、韩国、中南半岛、印度、尼泊尔也有。

物候 植物志中未记载芒萁的物候期。澳门植物物候监测中发现，芒萁有较明显的季候变化，一年有 2 次发新叶，主要集中在春、秋季，2~7 月和 10~11 月出现拳卷叶，拳卷叶从基部始出现，随着叶柄生长到一定的高度，拳卷叶叶轴才逐渐地如放卷尺般松开伸长，接着羽片亦不断生长展开，全年均有拳卷叶伸展，3~5 月和 8~10 月出现较明显完全展开的新叶，10~12 月处于休眠状态，11 月到翌年 5 月有叶片干枯现象，群落中下部叶片先干枯，再到上层的叶片也逐渐发黄至干枯，干枯的叶片可长久宿存，密集群落的中下部常年均可见干枯叶片。芒萁同一片叶上生有能育和不育两种不同形状的羽片，野外调查中发现，能育羽片较少见，孢子囊的出现主要集中在 5~7 月和 9~12 月，11 月和翌年 4 月观察到成熟孢子囊，成熟孢子囊褐色，圆形。

拳卷叶伸展期

孢子囊出现期

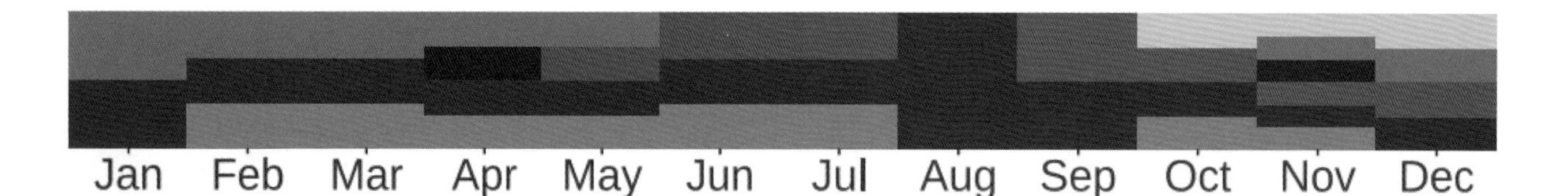

孢子囊成熟期

休眠期

干枯期

曲轴海金沙

别名：柳叶海金沙
英名：**Flexuose Climbing Fern**
葡名：**Feto Trepador Sinuoso**

Lygodium flexuosum (L.) Sw. in Schrad. Journ. Bot. 1800 (2): 106. 1801. 澳门植物志 1: 22, 2005

拳卷叶伸展期

孢子囊出现期

特征 植株攀缘生长，长达 7 m。叶草质，一型，三回羽状；羽片多数，对生于叶轴的短枝上；小羽片 3~5 对，互生，基部一对最大，三角状披针形，下部羽状，第二对以上的一回小羽片不分裂，基部耳状；末回小羽片 1~3 对，近对生，无柄，无关节。孢子囊穗线形，小羽片顶部不育。在庭院绿化中可作林下或阴湿地的绿篱和垂直绿化材料。全草可入药。

分布 只见于松山样地，样地中较少。青州山、松山市政公园有分布。生于灌丛、次生林、人工林中或林缘。分布于中国广东、广西、海南、贵州、云南。越南、泰国、印度、马来西亚、澳大利亚也有。

物候 植物志中未记载曲轴海金沙的物候期。澳门植物物候监测中发现，曲轴海金沙有较明显的季候变化，4~5 月出现拳卷叶，叶芽从基部长出后不断伸长形成藤蔓，藤蔓生长点顶端不断生长伸长和分枝，新叶由下往上边生长边展开，几乎全年月均看见展叶现象，集中于 6~12 月；全年均有叶片干枯现象，1~7 月较明显，有些干枯是受外界因素的影响。3~10 月均有孢子囊出现，孢子囊穗线形，孢子囊群由浅绿色逐渐变为淡褐色，9 月至翌年 2 月观察到成熟孢子囊，成熟孢子囊棕褐色。

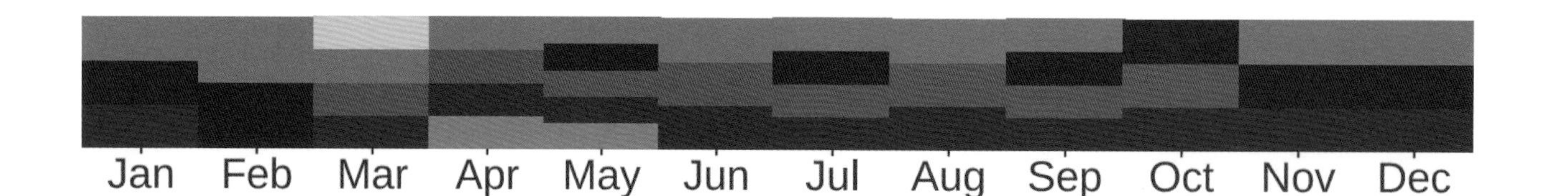

孢子囊成熟期

干枯期

海金沙

别名：罗网藤、铁丝藤
英名：Climbing Fern
葡名：Feto Trepador Comun

Lygodium japonicum (Thunb.) Sw. in Schrad. Journ. Bot. 1800 (2): 106. 1801. 澳门植物志 1: 22, 2005

特征 攀缘陆生蕨。茎纤细，长可达 4 m。羽片多数，对生于叶轴的短枝两侧，枝端有 1 个被黄色柔毛的休眠芽；叶二型，纸质，三回羽状；不育叶三角形，一回小羽片掌状或3裂，2~4 对，互生；二回小羽片 2~3 对，互生，卵状三角形，掌状分裂；能育叶卵状三角形，末回小羽片或裂片边缘密生孢子囊穗，流苏状棕黄色，成熟时散出暗褐色孢子，如细沙状，故名海金沙。全草可药用，为著名凉茶“王老吉”原料之一。

分布 4 个监测样地均有。望厦山市政公园、松山市政公园、氹仔、路环等地有分布。生于灌丛、次生林、人工林中或林缘。分布于中国秦岭以南各地。日本、菲律宾、马来西亚、印度、澳大利亚也有。

物候 植物志中未记载海金沙的物候期。澳门植物物候监测中发现，海金沙有较明显的季候变化，一年四季均有新叶的生长，但主要以夏、秋季为主，4 月和 9 月出现拳卷叶，6~12 月均有完全展开的新叶，10 月至翌年 5 月处于休眠状态。全年有叶片干枯现象，相对集中于 9 月至翌年 3 月。4~9 月均有孢子囊出现，10 月到翌年 3 月观察到成熟孢子囊，孢子囊穗线形，暗褐色。

拳卷叶伸展期

孢子囊出现期

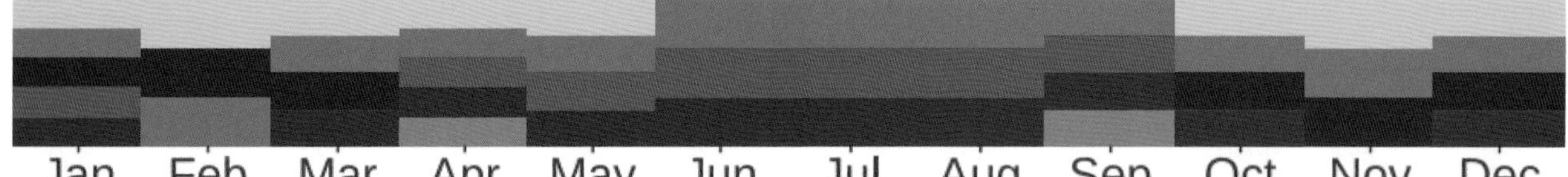

孢子囊成熟期

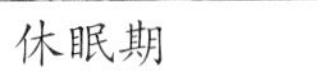

休眠期

干枯期

双唇蕨

别名：剑叶鳞始蕨
英名：**Sword-leaved Lindsaea**
葡名：**Avenção Espadânea**

Lindsaea ensifolia Sw. in Schrad. Journ. Bot. 1800(2): 77. 1801. 澳门植物志 1: 29, 2005

特征 陆生草本，高达40 cm。根状茎横走。叶近生；叶柄长15 cm，禾秆色至褐色，四棱形，上面有沟，光滑；叶片长圆形，一回奇数羽状；羽片4~5对，基部近对生，上部互生，斜展，有短柄或近无柄，线状披针形，全缘或不育羽片有锯齿，顶生羽片分离，与侧生羽片相似。孢子囊群线形，连续，沿叶缘着生；囊群盖两层，开口向外。

分布 主要见于大潭山样地，黑沙水库样地少量。氹仔大潭山郊野公园、路环石面盆古道、路环石排湾郊野公园等地有分布。生山坡路边或林下或灌丛中。分布于中国广东、香港、福建、台湾、云南。亚洲热带地区、大洋洲、非洲也有。

物候 植物志中未记载剑叶鳞始蕨的物候期。澳门植物物候监测中发现，剑叶鳞始蕨有较明显的季候变化，3~5月从基部伸出拳卷叶，拳卷叶卷曲不明显，较松散，主脉先伸展，随着生长羽片逐渐展开，幼叶完全展开后继续生长，几乎全年均有拳卷叶完全展开的新叶，11月至翌年2月处于休眠状态，11月至翌年7月有叶片干枯现象。孢子囊的出现主要集中在5~9月，10~11月观察到成熟孢子囊，孢子囊群线形。

拳卷叶伸展期

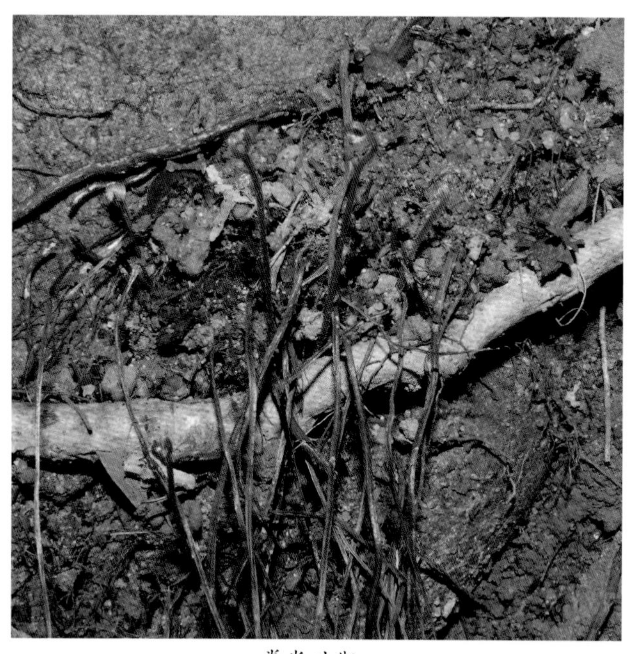
拳卷叶期

孢子囊出现期

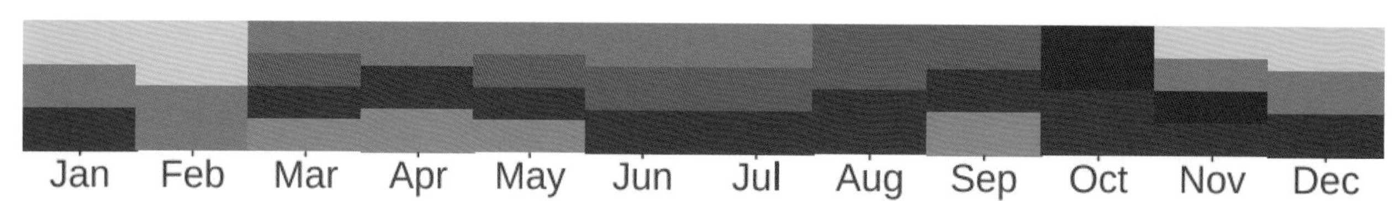

孢子囊成熟期　　新叶长成

休眠期　　干枯期

异叶双唇蕨

别名：异叶鳞始蕨
英名：**Different-leaved Lindsaea**
葡名：**Avenção Dissemelhante**

Lindsaea heterophylla Dry. in Trans. Linn , Soc. 3: 41.t.8, f.1.1797；澳门植物志 1: 30, 2005

特征 陆生草本，高达 40 cm。根状茎短而横走，密被赤褐色钻形鳞片。叶近生；叶柄长 12~22 cm，暗栗色，四棱，光滑；叶片阔披针形或长圆三角形，一至二回羽状复叶或下部常为二回羽状；羽片 11 对，基部近对生，上部互生，披针形，边缘有锯齿，不具分离的顶生羽片。孢子囊群线形，连续，沿叶缘着生；囊群盖线形，连续，全缘。

分布 只见于大潭山样地。路环石排湾郊野公园、路环东北步行径有分布。生山坡路边或林下或灌丛中。分布于中国广东、广西、海南、香港、福建、台湾、云南。日本南部、菲律宾、越南、马来西亚、缅甸、印度、斯里兰卡也有。

物候 植物志中未记载异叶鳞始蕨的物候期。澳门植物物候监测中发现，异叶鳞始蕨有较明显的季候变化，叶二型，3~5 月出现拳卷叶，4~10 月均有拳卷叶完全展开的新叶，翌年 1~3 月有叶片干枯现象。11 月至翌年 3 月部分植株处于休眠状态。孢子囊的出现在 2~8 月，9 月至翌年 3 月观察到成熟孢子囊。

孢子囊成熟期

拳卷叶伸展期

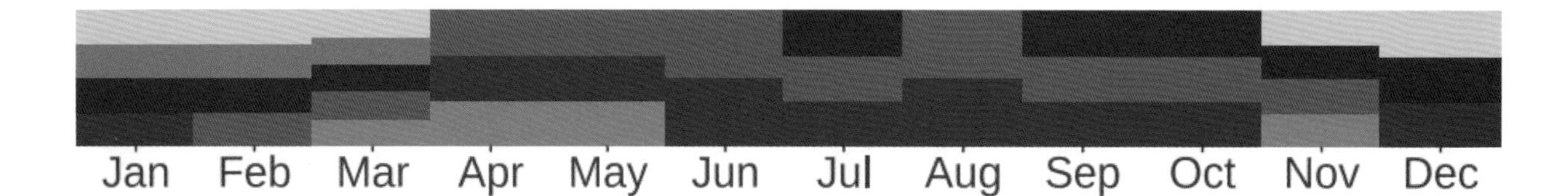

团叶鳞始蕨

别名：金钱草、圆叶林蕨
英名：**Orbicular Lindsaea**
葡名：**Avenção Rotunda**

Lindsaea orbiculata (Lam.) Mett. ex Kuhn in Ann. Mus. Bot. Lugd. Bat. 4: 297.1869. 澳门植物志 1: 30, 2005

特征 小型陆生蕨，株高约 40 cm。根状茎短而横走。叶近生；叶柄长 5~11 cm，栗色，下面稍圆，光滑；草质，叶薄如纸；叶片线状披针形，长 10~20 cm，一回羽状，下部常二回羽状；羽片 20~30 对，下部各对羽片对生，有短柄，圆形或圆肾形，长 6~10 mm，外缘圆而有不整齐的小尖齿。孢子囊群连续，靠近叶缘；囊群盖线形，膜质。

分布 4 个样地均有，其中大潭山和松山样地相对较多。路环东北步行径、路环石面盆古道，松山市政公园等地有分布。生于灌丛、林下，喜酸性土壤。分布于中国广东、广西、香港、云南、贵州、四川等地。亚洲其他地区及大洋洲的热带地区。

物候 植物志中未记载团叶鳞始蕨的物候期。澳门植物物候监测中发现，团叶鳞始蕨有较明显的季候变化，叶二型，4~5 月出现拳卷叶，3~10 月均有拳卷叶完全展开的新叶，11 月至翌年 5 月有叶干枯现象。全年均可观察到孢子囊，孢子囊的出现主要集中在 5~8 月，开始时为白色至淡绿色，9 月至翌年 4 月孢子囊成熟，成熟时褐色至黑色。

孢子囊出现期

拳卷叶伸展期

孢子囊成熟期

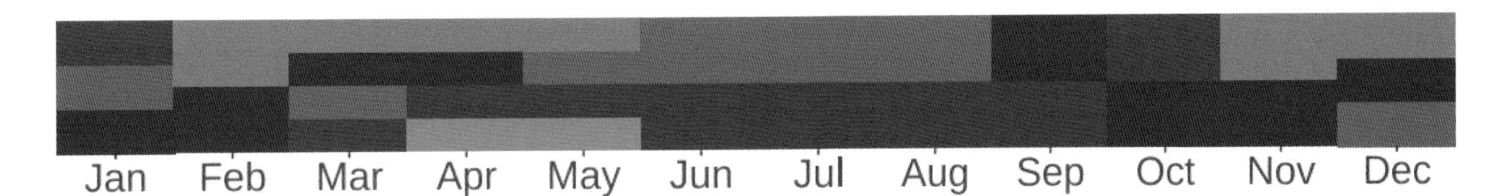

剑叶凤尾蕨

英名：**Sword Brake**
葡名：**Feto de Folha Espadânea**

Pteris ensiformis Burm. f., Fl. Ind. 230. 1786. 澳门植物志 1: 34, 2005

特征 中小型陆生蕨，株高 30~50 cm。根状茎细长，斜升或横卧。叶簇生，二型，无毛；叶柄禾秆色，表面光滑；不育叶远比能育叶短，下部羽状，三角形；小羽片 2~3 对，对生，无柄，长圆状倒卵形，顶端钝圆，上部及顶端有尖齿；能育叶羽片疏离，2~3 叉；小羽片 2~3 对，狭线形，顶端渐尖，先端不育，不育叶缘有密尖齿。孢子囊群线形，生于叶缘；囊群盖线形，全缘。剑叶凤尾蕨生长旺盛，柔细多姿，耐阴，是布置室内几案的小型盆栽佳品，也适宜与石山盆景配搭。

分布 见于松山和大潭山样地。望厦山市政公园有分布。生于林下。分布于华南、华东及西南，为中国热带及亚热带气候区的酸性土指示植物。其他分布地包括日本、越南、缅甸、印度、斯里兰卡、马来西亚至波利尼西亚、澳大利亚等地。

拳卷叶期

物候 植物志中未记载剑叶凤尾蕨的物候期。澳门植物物候监测中发现，剑叶凤尾蕨有较明显的季候变化，叶二型，2~4 月出现拳卷叶，叶芽从基部伸出，叶柄伸长，末端卷曲如拳头状，随后拳卷叶逐渐松散展开，叶轴伸长，羽片下往上次第展开，3~9 月有拳卷叶完全展开的新叶，10~11 月为休眠期，11~12 月有叶干枯现象。翌年 1~6 月均有孢子囊的出现，4~12 月观察到成熟孢子囊。

拳卷叶伸展期

孢子囊成熟期

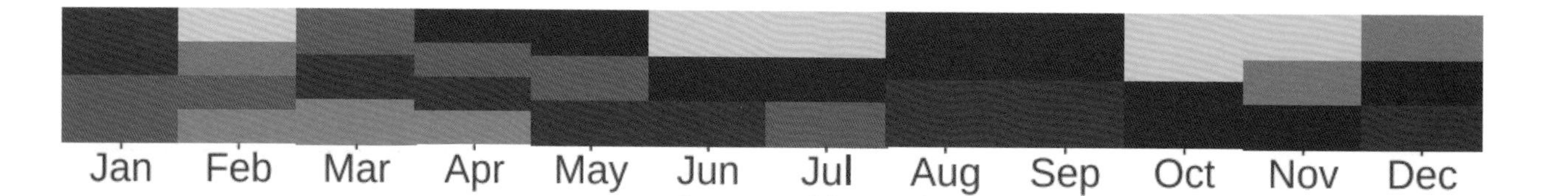

半边旗

英名：**Semi-pinnated Brake**
葡名：**Feto Meia-folha**

Pteris semipinnata L., Sp. Pl. 2: 1076. 1753. 澳门植物志 1: 37, 2005

特征 中小型陆生蕨，高 30~80 cm。根状茎横走，顶端及叶柄基部有钻形鳞片。叶二型，近一型，近簇生，草质；叶柄栗色至深栗色，有四棱；能育叶长圆形或长圆披针形，二回半边羽状深裂，羽片三角形或半三角形，上侧全缘，下侧羽裂几达羽轴，叶缘仅不育的顶部有尖锯齿；不育叶同型，全有锯齿。孢子囊群沿羽片顶部以下分布，线形，连续排列于叶缘；囊群盖线形，膜质，全缘。半边旗羽片株形美，是室内盆栽观赏的佳品，也可作切花配叶。

分布 见于松山和大潭山样地。氹仔大潭山郊野公园、望厦山市政公园、路环石面盆古道、松山市政公园等地有分布。较常见，生于疏林中。分布于长江以南各地，为中国热带及亚热带地区的酸性土指示植物。日本、越南、马来西亚、斯里兰卡、印度也有。

物候 植物志中未记载半边旗的物候期。澳门植物物候监测中发现，半边旗有较明显的物候变化，叶簇生，近一型，2~3 月始出现拳卷叶，3~6 月不断有拳卷叶展开，9 月至翌年 4 月有叶片干枯现象。2~7 月均有孢子囊的出现，6 月至翌年 1 月孢子囊成熟。5 月至 8 月和 10 月至翌年 2 月处于休眠期。

孢子囊出现期

孢子囊成熟期

拳卷叶伸展期

干枯期

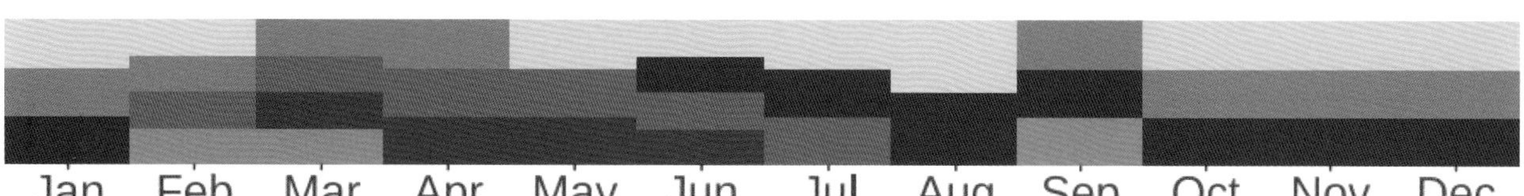

扇叶铁线蕨

英名：Fan-leaved Maidenhair

葡名：Cabelo-de-Vénus em forma de Leque

Adiantum flabellulatum L., Sp. Pl. 2: 1095. 1753. 澳门植物志 1: 41, 2005

特征 小中型陆生蕨类，株高 20~50 cm。根状茎直立，密被亮棕色披针形鳞片。叶簇生，近革质，无毛，但叶轴上和羽轴上有密的红棕色刚毛；叶柄亮紫黑色，基部有少量茸毛；叶扇形，长 10~25 cm，二至三回不对称的二叉分枝；小羽片为对开式的半圆形（能育的）或斜方形（不育的）；裂片全缘，不育部分有锯齿。孢子囊群生于由裂片顶部变态反折的囊群盖下面；囊群盖半圆形至短圆形。株形秀丽，叶形美观，可在室内盆栽置于案头、几架上作观赏。

分布 见于松山和大潭山样地。松山市政公园、望厦山市政公园、路环石排湾郊野公园有分布。生于林下、林缘及灌丛中。中国华南、华东及西南地区广泛分布。日本、马来西亚、越南、印度、斯里兰卡也有。

物候 植物志中未记载扇叶铁线蕨的物候期。澳门植物物候监测中发现，扇叶铁线蕨有较明显的物候变化，5~6 月出现拳卷叶，几乎全年不断有拳卷叶完全展开的新叶，新叶常为淡紫红色；新叶展开时即可见到孢子囊，因此，全年均可见孢子囊，主要集中于 9 月至翌年的 3 月观察到成熟孢子囊。几乎全年可见叶干枯，11 月至翌年 2 月处于休眠期。

孢子囊出现期

拳卷叶伸展期

孢子囊成熟期

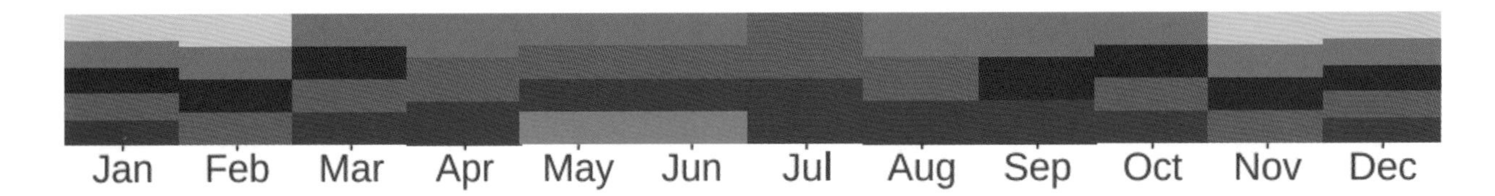

新叶长成

休眠期

干枯期

华南毛蕨

英名：Parasitic Cyclosorus
葡名：Feto Fino Comum

Cyclosorus parasiticus (L.) Farwell in Amer. Midl. Nat. 12: 259. 1931. 澳门植物志 1: 50, 2005

特征 植株高 30~80 cm，中型陆生蕨。根状茎横走。叶近生；叶柄长达约 40 cm，深禾秆色，略有柔毛；叶片长圆状披针形，顶端渐尖并二回羽裂，基部不变狭，向下反折；羽片 12~16 对。叶两面均被毛，叶背沿叶脉密生橙红色腺体。孢子囊群圆形，着生于侧脉中部；囊群盖圆肾形，密生针状毛。华南毛蕨生长迅速，株形优美，在南方可在林缘或溪边种植美化环境。

分布 大潭山和松山样地有少量。松山市政公园、氹仔大潭山郊野公园、路环石排湾后山、路环东北步行径、路环黑沙水库附近等地有分布。常见，生林缘、沟边或路旁。分布于中国广东、广西、海南、香港、福建、台湾、湖南、贵州、四川。亚洲热带地区广泛分布。

物候 植物志中未记载华南毛蕨的物候期。澳门植物物候监测中发现，华南毛蕨有较明显的物候变化，叶一型，样地中发现 1~6 月出现拳卷叶，1~9 月不断有拳卷叶完全展开的新叶，11 月至翌年 2 月有较多叶片干枯现象，10~12 月处于休眠期。1~4 月均有孢子囊的出现，开始为淡绿色，几乎全年可观察到成熟孢子囊，主要集中在 10 月至翌年 3 月，成熟孢子囊棕褐色。

拳卷叶伸展期

拳卷叶期

孢子囊出现期

孢子囊成熟期

休眠期

干枯期

乌毛蕨

英名：Oriental Blechnum
葡名：Feto Grande

Blechnum orientale L., Sp. Pl. 2: 1077. 1753. 澳门植物志 1: 52, 2005

特征 中大型陆生蕨类，株高 1~2 m。根状茎粗短，木质，直立。叶簇生于根状茎顶端；叶柄棕禾秆色，坚硬，上有纵沟；叶片长阔披针形，长可达 1 m，一回羽状，革质；羽片多数互生，全缘，无柄，下部突然缩小成耳形。孢子囊群线形，紧贴中脉两侧；囊群盖线形，开向主脉。乌毛蕨生性粗放，适应性强，可作边坡绿化，亦可盆栽观赏。

分布 见于松山、大潭山和黑沙水库样地。松山市政公园、氹仔、路环有分布。生于山坡灌丛中、疏林下等阳光充足的生境，常成片生长。中国分布于长江以南各地。亚洲热带地区也有分布。

物候 植物志中未记载乌毛蕨的物候期。澳门植物物候监测中发现，乌毛蕨有较明显的物候变化，1~9 月出现拳卷叶并伸展，主要集中于 2~4 月，拳卷叶叶柄不断伸长，伸长到原有叶片叶柄长度左右时拳卷叶始松开，叶轴展开伸长，羽片开始仍卷曲如音符，后逐渐展开，几乎全年不断有拳卷叶展开，主要集中在 6~11 月，新叶初时朱红色，随着叶片的长成变为绿色，11 月到翌年的 4 月有叶片干枯现象。4~9 月均有孢子囊的出现，孢子囊生于羽片外缘卷曲边缘，12 月至翌年 3 月观察到成熟孢子囊，呈黑色。

拳卷叶伸展期

拳卷叶期

孢子囊出现期

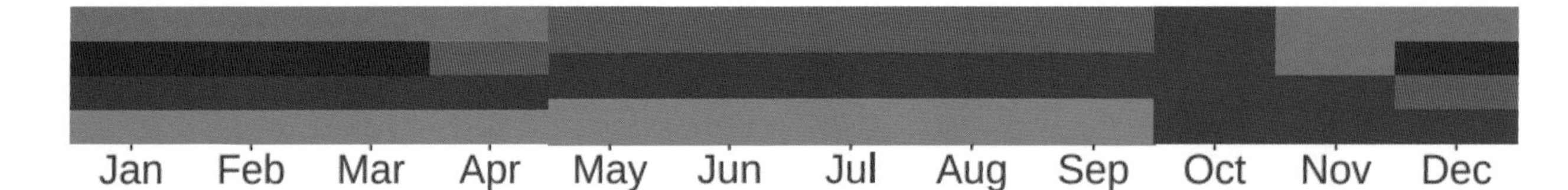

孢子囊成熟期

干枯期

14.2 被子植物

假鹰爪

别名：酒饼叶
英名：**Chinese Desmos**
葡名：**Desmos da China**

Desmos chinensis Lour., Fl. Cochinch. 352. 1790. 澳门植物志 1: 98, 2005

特征 直立或攀缘灌木。叶薄纸质，长圆形或椭圆形，长4~13 cm，宽2~5 cm，顶端钝或急尖，基部楔形至近圆形。花单朵与叶对生或互生，有时顶生；花萼片卵形；花瓣长圆形或长圆状披针形，外轮花瓣较大，长达9 cm，宽约2 cm，内轮花瓣长约7 cm，宽约1.5 cm。成熟心皮长2~5 cm，具柄；种子球状，直径约5 mm。花大，具芳香，可供观赏。

分布 松山和大潭山样地较多，九澳角和黑沙水库样地较少。松山市政公园、白鸽巢公园、望厦山市政公园、二龙喉公园、螺丝山公园、路环、氹仔等地有分布。为澳门野间较常见的植物，生于疏林、林缘。分布于中国广东、广西、海南、云南、贵州。印度、越南、柬埔寨、马来西亚、老挝、印度尼西亚、菲律宾、新加坡也有。

物候 《中国植物志》《广东植物志》《澳门植物志》中记载花期4~6月，果期6月至翌年3月。澳门固定样地植物物候监测中发现，9月至翌年3月为叶芽期，只见顶芽，随着顶芽的伸长，新叶生长，新叶赭红色至黄绿色，4~11月为展叶盛期，叶片绿色，12月至翌年3月为叶变色期，叶逐渐变为黄色并逐渐掉落，呈半落叶现象。4~5月始花，6月为盛花期，花开始为淡绿色，花从小不断长大，逐渐变为淡黄色，有清香，7月落花期；8~10月发现有幼果，11月至翌年1月为果熟期，果熟时变为红色，同时，12月至翌年1月有落果现象。

芽开放期

展叶始期

展叶盛期

开花始期

开花盛期

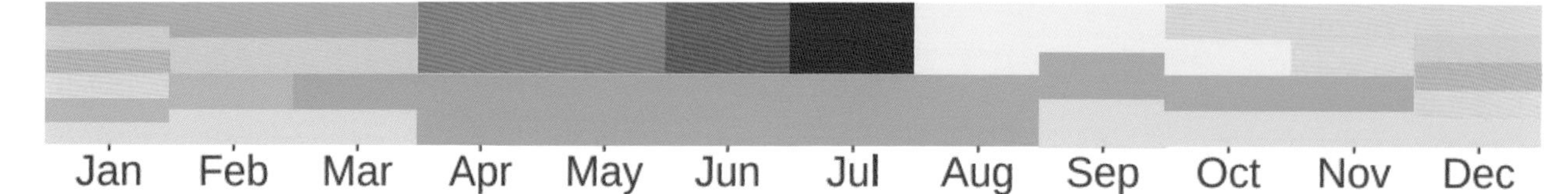

开花末期

幼果期

果期

果实成熟期

果实脱落期

紫玉盘

英名：Small-fruited Uvaria

葡名：Uvaria Fruto-pequena

Uvaria macrophylla Roxb., Fl. Ind. 97. 1855. 澳门植物志 1: 100, 2005

特征 直立或攀缘灌木。幼枝、幼叶、花序轴或果序轴均被星状柔毛。叶革质，长倒卵形或长椭圆形，长 10~23 cm，宽 5~11 cm。花 1~2 朵与叶对生，红色，直径 2.5~3.5 cm；内外轮花瓣相似，卵形；雄蕊线形。成熟心皮卵状，长 1~2 cm，直径约 1 cm；种子圆球形。花美丽，可供观赏。

分布 只见于松山样地。路环东北步行径、石面盆古道、松山市政公园、路环烧烤公园有分布。生于疏林中。分布于中国广东、广西、海南、台湾。越南、老挝也有。

物候 《中国植物志》《广东植物志》《澳门植物志》中记载花期 3~8 月；果期 7 月至翌年 3 月。澳门植物物候监测中发现，6 月至翌年 2 月为叶芽期，3~11 月为展叶盛期，嫩叶淡赭红色；4~5 月始现花蕾，5~9 月为盛花，花为橙红色，后期颜色加深为朱红色；8~11 月发现有幼果，12 月至翌年 3 月为果熟至落果，熟果紫红色至黑色。

芽开放期

展叶始期

展叶盛期

花蕾出现期

Jan Feb Mar Apr May Jun Jul Aug Sep Oct Nov Dec

幼果期

花期

果期

果实成熟期

无根藤

英名：Cassytha

葡名：Ramas de Sebe

Cassytha filiformis L., Sp. Pl. 1：35. 1753. 澳门植物志 1: 102, 2005

特征 寄生缠绕藤本，靠盘状吸根吸附寄主植物上攀生长；茎幼时被锈色短柔毛，老时无毛。叶鳞片状。花序长 2~5 cm，密被锈色短柔毛，老时少毛至无毛；花小，无梗，花被筒白色；第 1 轮雄蕊花丝近花瓣状，其余花丝线形。

分布 只见于九澳角样地。望厦山市政公园、路环、氹仔有分布，为澳门相当常见的一种寄生植物，生于阳处山坡灌丛中，其已对寄主植物造成一定的危害。分布于中国广东、广西、海南、江西、福建、浙江、台湾、湖南、云南、贵州等地。泛热带地区广布。

物候 《广州植物志》《海南植物志》《澳门植物志》中记载花期 5~12 月；果期 12 月至翌年 5 月。澳门植物物候监测中发现，无根藤鳞片状叶不明显，终年为缠绕藤蔓状，1~3 月顶芽萌动，藤蔓伸长，4~9 月为顶芽伸长盛期。3~8 月始花，9~12 月为盛花期，花小，白色，半开状，12 月至翌年 1 月为落花期；8~11 月发现有幼果，幼果淡绿色，12 月至翌年 2 月为果熟期，熟果淡黄色，翌年 2~3 月有落果现象。

芽开放期

花蕾出现期

开花始期

开花盛期

幼果期

果实成熟期

阴香

英名：**Batavia Cinnamom**

葡名：**Falsa Canforeira**

Cinnamomum burmannii (C. G. et Th. Nees) Bl., Bijdr. 569. 1826. 澳门植物志 1: 103, 2005

特征 乔木；高达 14 m，胸径达 30 cm；树皮光滑，灰褐色至黑褐色。叶革质，互生或近对生，卵圆形、长圆形，稀披针形，叶面绿色，光滑，叶背粉绿色，两面无毛。花少数，排成圆锥花序状的聚伞花序，花序密被灰白色微柔毛；花绿白色。果卵球形；果托漏斗形，边缘具齿裂。阴香的树冠整齐，遮阴效果好，是良好的遮阴树和行道树。

分布 见于松山样地，是松山样地的主要树种。何贤公园、松山市政公园、望厦山市政公园、卢廉若公园、白鸽巢公园、二龙喉公园、螺丝山公园、纪念孙中山市政公园、氹仔大潭山郊野公园、氹仔小潭山、路环各地有分布，尤以松山的数量最多。生于疏林、密林或灌丛中或溪边及路旁。分布于中国广东、广西、海南、福建、湖南、云南。印度东部、缅甸、泰国、中南半岛各国、印度尼西亚、菲律宾也有。

物候 《广州植物志》《海南植物志》《澳门植物志》中记载花期 8~11 月；果期 11 月至翌年 2 月。澳门固定样地植物物候监测中发现，阴香树基蘖芽 1~10 月均有展叶现象，新叶红色；而对于阴香上层新梢，1~6 月展叶盛期，7~8 月第二次展叶，11~12 月无明显变化。叶片常有病虫害，叶缘常有枯斑。3~4 月始花，4 月为盛花期，花较小，白色，5 月为落花期，4~7 月现幼果，8~11 月为果熟期，果熟时黑色，常有红褐色虫瘿，12 月至翌年 1 月有较明显落果，11 月至翌年 3 月有较多黄叶并伴有落叶。

展叶始期

展叶盛期

开花始期

开花盛期

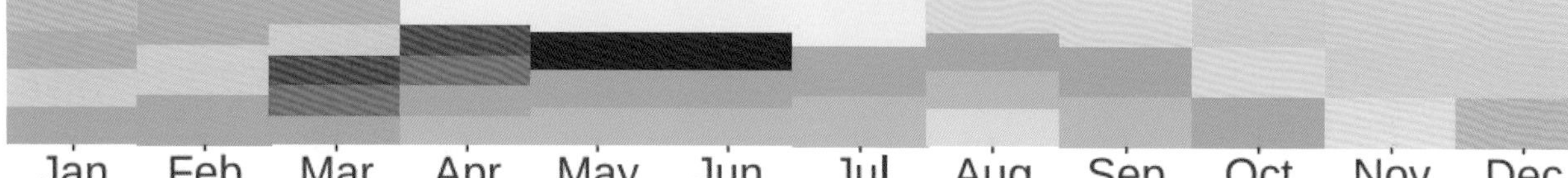

幼果期

果实成熟期

果实脱落期

潺槁木姜子

别名：潺槁树、油槁树、胶樟

英名：**Pond Spice**

葡名：**Lítsea Glutinosa**

Litsea glutinosa (Lour.) C. B. Rob. in Philip. Journ. Sci. Bot. 6: 321. 1911. 澳门植物志 1: 106, 2005

特征 常绿乔木；高 3~15 m；树皮灰色或灰褐色。叶革质，互生，倒卵形、倒卵状长圆形或椭圆状披针形，幼时两面均被毛，老时叶面仅中脉略被毛，叶背被灰黄色茸毛或近于无毛。花数朵至多朵，排成伞形花序状的聚伞花序，花序单生或几枚聚生于叶腋内。果球形，直径约 7 mm，果梗上端略增粗。树形美观，可作园林绿化；花期招引蜜蜂，为良好的蜜源植物。

分布 4 个监测样地均有少量。氹仔大潭山、氹仔小潭山、路环、望厦山市政公园、松山市政公园、卢廉若公园、白鸽巢公园、螺丝山公园有分布。是澳门山野间最常见的一种植物，生于山坡阳处疏林中或旷野。中国广东、广西、海南、福建、云南南部。越南、菲律宾、印度东部也有。

物候 《广州植物志》《海南植物志》《澳门植物志》中记载花期 5~6 月；果期 9~10 月。澳门植物物候监测中发现，潺槁树 1~3 月只见顶芽，老叶变黄，并有落叶，有些整株落叶近一半，表现为半落叶现象；3~9 月均有展叶，主要集中在 5~6 月展叶盛期；10~12 月无明显变化。4 月现花蕾，5 月初始花，6 月中旬为盛花期并有落花现象，同时发现有幼果，8 月为果熟期，果熟时黑色，9 月有较明显落果。

芽开放期

展叶始期

展叶盛期

花蕾出现期

开花始期

开花盛期

幼果期

果实始熟期

果实成熟期

假柿木姜子

别名：假柿木姜、假沙梨
英名：**Persimmon-leaved Litsea**
葡名：**Falso Diospireiro**

Litsea monopetala (Roxb.) Pers., Syn. 2 (1): 4. 1806.
澳门植物志 1: 107, 2005

特征 常绿乔木，高达 18 m；树皮灰色或灰褐色；芽鳞、小枝密被锈色短柔毛。叶薄革质，互生，宽卵形、倒卵形至卵状长圆形，幼叶叶面沿中脉有锈色短柔毛，老时渐脱落变无毛，叶背密被锈色短柔毛；叶柄密被锈色短柔毛。花 4~6 朵或更多，排成伞形花序状的聚伞花序。果长卵形，直径 5 mm，果托浅碟状，果梗短。

分布 只见于松山样地。松山市政公园、卢廉若公园、白鸽巢公园、二龙喉公园、螺丝山公园、望厦山市政公园、氹仔、路环等地均有分布，尤以松山的数量较多，生于林中或林缘。分布于中国广东、广西、海南、湖南、贵州、四川、云南南部、西藏。东南亚各国及印度、巴基斯坦也有。

物候 《广州植物志》《海南植物志》《澳门植物志》中记载花期 11 月至翌年 6 月；果期 6~7 月。澳门固定样地植物物候监测中发现，假柿木姜子 1~2 月叶芽萌发，3~10 月均有展叶；11~12 月无明显变化。并有少量黄叶至落叶，有些落叶占整株一半以上。2 月花蕾出现，3~4 月花蕾膨大，4 月下旬始花，5 月为盛花期，花金黄色，花多而密，并有明显落花现象，落花满地，甚是美丽壮观，花期非常短；花谢同时发现有幼果，果期 5~8 月，6 月即发现陆续成熟的果，熟果黑色，边成熟边落果，果熟期短。

展叶盛期

花蕾出现期

开花盛期

落花

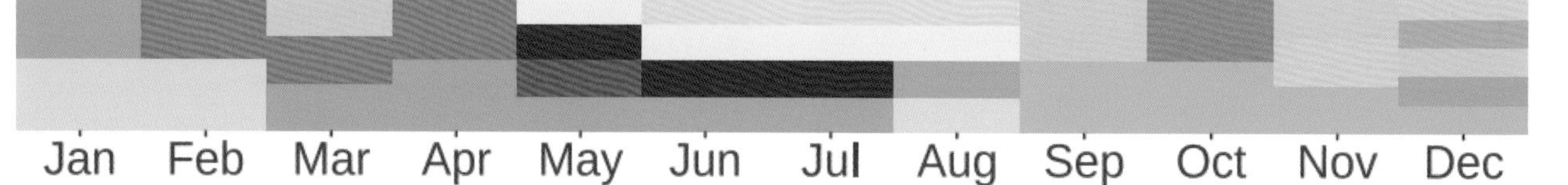

开花末期及幼果期

果期

果实成熟期

豺皮樟

别名：豺皮木姜子、圆叶木姜子
英名：Oblong-leaf Litsea
葡名：Lítsea de Folha Oblonga

Litsea rotundifolia (Nees) Hemsl.var. *oblongifolia* (Nees) Allen in Ann. Miss. Bot. Gard. 25: 386. 1938. 澳门植物志 1: 108, 2005

特征 常绿灌木，高达 3 m；树皮灰色或灰褐色，常有褐色斑块；小枝灰褐色；芽鳞外面被丝状黄色短柔毛。叶薄革质，散生，叶卵状长圆形，叶背粉绿色。花 3~4 朵，排成伞形花序状的聚伞花序，此花序通常 3 枚簇生叶腋，有些 1~2 朵散生于幼嫩枝上；花被裂片 6 片。果球形，熟时蓝灰色。

分布 九澳角样地最多，是该样地的建群种，大潭山样地亦较多，黑沙水库样地较少。松山市政公园、望厦山市政公园、氹仔、路环等地有分布。为澳门山野间较常见的一种植物，生于灌木丛中。分布于中国广东、广西、海南、江西、福建、浙江、台湾、湖南。越南也有。

物候 《广州植物志》《海南植物志》《澳门植物志》中记载花期 8~9 月；果期 9~11 月。澳门固定样地植物物候监测中发现，豺皮樟 1~4 月叶芽萌发，3~5 月展叶盛期，9~11 月第二次展叶，为秋梢，嫩叶常为红色；3 月花芽膨大，3~6 月始花，7~9 月开花盛期，有些年份发现 10~12 月有开花，边开花边结果，果期 8 月至翌年 1 月，8~9 月有较多幼果，9~11 月盛果期，果陆续成熟，成熟果黑色，11 月至翌年 1 月落果期，一边成熟一边落果，后期成熟的少量果宿存到下一年，呈干枯状。

芽膨大始期

芽开放期

展叶始期

展叶盛期

Jan Feb Mar Apr May Jun Jul Aug Sep Oct Nov Dec

花蕾出现期　开花始期

开花盛期　幼果期

果期　果实成熟期

华润楠

别名： 桢楠、八角楠
英名： **Chinensis Machilus**
葡名： **Machilus de Chinensis**

Machilus chinensis (Benth.) Hemsl.，J. L. Soc.，Bot. 26: 374. 1891. 澳门植物志 1: 109, 2005

特征 乔木；高达 11 m。叶革质，倒卵状长椭圆形至长椭圆状倒披针形，长 5~8 cm，宽 2~3 cm。圆锥花序顶生；花白色或嫩黄色；花被裂片长椭圆状披针形，外面被淡黄色微柔毛，内面或内面基部有毛。果球形，熟时黑色。树干通直，树冠阔伞形，树姿婆娑美丽，为优良的风景树和绿化树。

芽膨大始期

展叶始期

分布 只见于黑沙水库。路环九澳水库也有分布。数量相当稀少，生于山坡疏林中。分布于中国广东、广西、海南。越南也有。

物候 《澳门植物志》中记载花期 11 月；果期翌年 2 月。澳门固定样地植物物候监测中发现，华润楠 11 月至翌年 3 月顶芽膨大，2~4 月展叶盛期，嫩叶常为赭红色，满树嫩叶，为优良的春色叶观赏树种，展叶的同时，花芽始开放，花蕾逐渐膨大，3 月中旬至下旬开花，花期短，4~5 月为幼果期，5~6 月为果熟期，果成熟时深蓝色至黑色，6 月大量落果，有些未成熟已开始落果，边成熟边落果，果成熟期较短。有些年份特别是 2017 年台风以后果熟期延长到 9 月落果。11~12 月部分伴有黄叶。

芽开放期

展叶盛期

Jan Feb Mar Apr May Jun Jul Aug Sep Oct Nov Dec

开花始期

开花盛期

果实成熟期

果实脱落期

绒毛润楠

别名：香港楠木、绒毛桢楠
英名：**Woolly Machilus**
葡名：**Machilus Lanoso**

Machilus velutina Champ. ex Benth., in Journ. Bot. Kew Misc.5:198.1853. 澳门植物志 1: 109, 2005

特征 乔木；高可达 18 m；枝、芽、叶面和花序均密被锈色茸毛。叶革质，狭倒卵形、椭圆形或狭卵形，顶端渐狭或短渐尖，基部楔形；叶面有光泽；中脉在叶背凸起。花少数，排成圆锥花序状的聚伞花序，花序单枚或数枚集生小枝端，总花序梗接近没有，分枝多而短；花被被锈色茸毛；外层花被片较内层狭小。果球形，直径约 4 mm，紫黑色。

分布 只见于黑沙水库华润楠样地。路环黑沙水库、路环九澳水库有分布。数量稀少，生于山坡疏林中。分布于中国广东、广西、海南、江西、福建、浙江、湖南。中南半岛也有。

物候 《澳门植物志》中记载花期 10~12 月，果期翌年 2~3 月。澳门固定样地植物物候监测中发现，绒毛润楠 6 月至翌年 2 月叶芽萌发，叶芽较大，3 月初始展叶，4~5 月展叶盛期，10~12 月第二次发新叶，新叶集中整齐开展，嫩叶常为淡褚红色，为春色叶观赏树种；花期 10~12 月，不同年份盛花期不同，果期为 12 月至翌年 3 月，少见结果，2~3 月果熟，3 月落果，熟果紫红色至紫黑色。

芽膨大始期

芽开放期

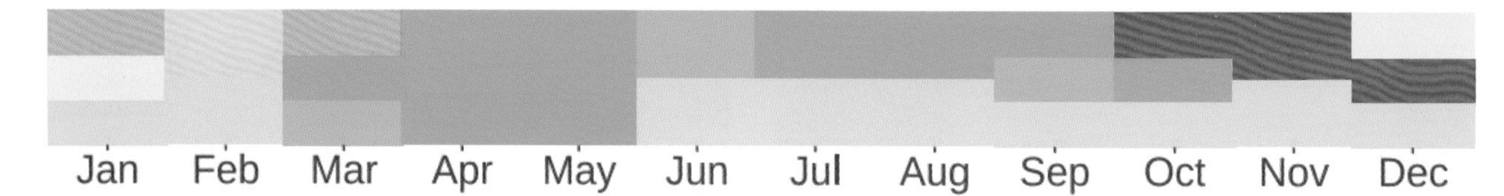

展叶始期

展叶盛期

开花始期

开花盛期

开花末期

果实成熟期

草珊瑚

别名：鸡爪兰、九节茶、九节风
英名：**Glabrous Sarcandra**
葡名：**Sarcandra Lisa**

Sarcandra glabra (Thunb.) Nakai, Fl. Sylv. Koreana 18: 17. t. 2. 1930. 澳门植物志 1:112, 2005

特征 常绿亚灌木；茎与枝均具膨大的节。叶革质，椭圆形、卵形至卵状披针形，边缘具粗锐锯齿；叶柄基部合生成鞘状。穗状花序顶生，通常分枝，多少成圆锥花序状；苞片三角形，宿存；花黄绿色。核果球形，熟时亮红色。叶色翠绿，具一定观赏价值，可作阴生观赏植物。

分布 只见于黑沙水库样地。氹仔小潭山、路环石排湾郊野公园及路环石面盆古道附近有分布。生于山坡、山谷林下。分布于中国华南、华东、华中、西南各地区。亚洲东部及东南部也有。

物候 《澳门植物志》中记载草珊瑚花期 6 月；果熟期 8~10 月。澳门固定样地植物物候监测中发现，草珊瑚 1~4 月叶芽萌发，3~5 月展叶期，嫩叶常为红色，非常鲜艳；5 月花芽萌发，花期 6 月，花期短，花小，花苞半开状，开花不明显，6~10 月幼果期，11 月至翌年 2 月为果熟期，成熟果实鲜红色，1~2 月伴有落果。

芽开放期

展叶始期

展叶盛期

花蕾出现期

开花始期

开花盛期

开花末期

幼果期

果实成熟期

果实脱落

木防己

英名：Snail-seed
葡名：Semente de Caracol

Cocculus orbiculatus (L.) DC., Syst. 1: 523. 1817. 澳门植物志 1: 123, 2005

特征 木质藤本；嫩枝密被柔毛，老枝无毛，有直纹。叶纸质，形状变异大，卵形或椭圆形，有时为倒卵形或倒心形，两面或仅叶背被疏柔毛；叶脉掌状，3~5 条；叶柄被柔毛。聚伞花序腋生或作总状花序式排列；花瓣倒披针形。核果，球形，长约 7 mm。花期 4~8 月；果期 8~10 月。

分布 见于松山样地有少量。氹仔小潭山、路环黑沙海湾、螺丝山公园、松山市政公园、海角游云花园有分布。常见生于灌丛中。除西北地区和西藏外，几遍全国。亚洲东南部、东部及夏威夷群岛也有分布。

物候 《广东植物志》《中国植物志》《澳门植物志》中记载花期 4~8 月；果期 8~10 月。澳门植物物候监测中发现，木防己 1~6 月均有叶芽萌发和展叶，9~11 月亦有新叶，叶片常有虫害；4~12 月均有开花，花小，陆续开放；边开花边结果，5~12 月幼果期，翌年 1 月见成熟果，果熟时黑色。12 月至翌年 2 月均明显黄叶。

展叶盛期

花序出现期

展叶始期

花蕾出现期

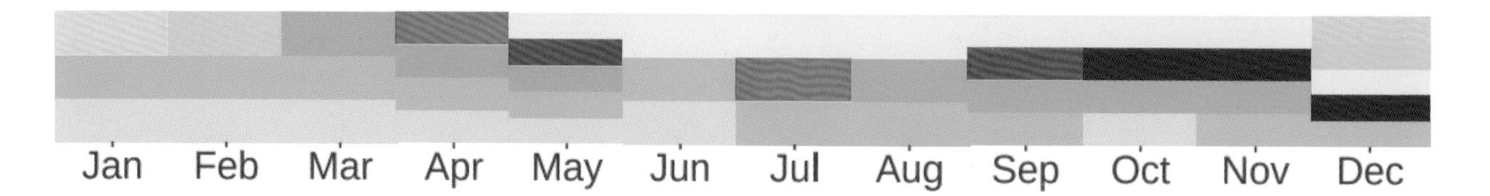

开花始期　开花盛期　开花末期

幼果期　果实成熟期

秋季叶变色期

苍白秤钩风

别名：防己
英名：**Glaucescent Diploclisia**
葡名：**Diploclísia Cinzenta**

Diploclisia glaucescens (Blume) Diels, Planzenr. (Engler) IV. 94 (Heft 46) 225. 1910. 澳门植物志 1: 125, 2005

特征 木质藤本。叶薄革质，三角状圆形，有时为阔卵状三角形，顶端骤尖或近圆形，有小凸尖，基部截平、近圆形或微心形；叶脉掌状，常 5 条；叶柄长 3~7 cm。聚伞花序复作圆锥花序式排列，长 15~20 cm，枝生；雄花萼片椭圆形；雌花子房半卵球形。核果卵球形，被白粉。

分布 只见于大潭山样地。路环黑沙龙爪角有分布。常见生于疏林中。分布于中国广东、广西、海南、云南。

物候 《广州植物志》《海南植物志》《澳门植物志》中记载花期 4 月，果期 8 月。澳门固定样地植物物候监测中发现，苍白秤钩风 1~3 月叶芽萌发，7~10 月展叶盛期，嫩叶常由紫色变为黄白色，再到绿色；11~12 月无明显变化，12 月至翌年 4 月叶变为黄色，1~4 月为落叶期，有明显的落叶。花序生于藤枝上，3 月始花芽出现，4~5 月始花至盛花和落花，花期短，5~6 月果期，幼果粉白色，犹如表面有一层白粉，6 月果熟，成熟果橙红色，有较高的观赏价值，果成熟期短，很快落果。

花序出现期

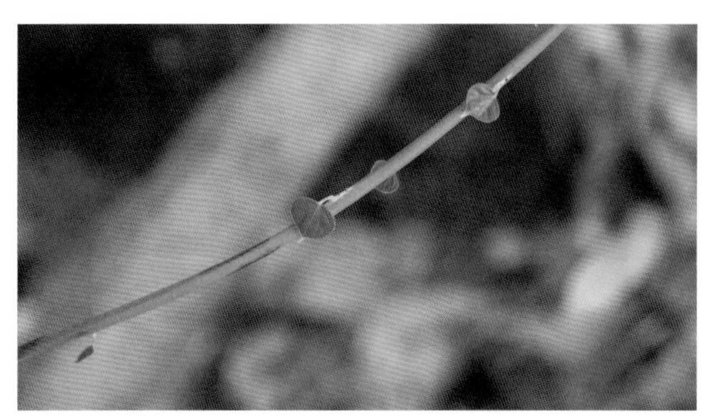
展叶始期

花蕾出现期

展叶盛期

开花盛期

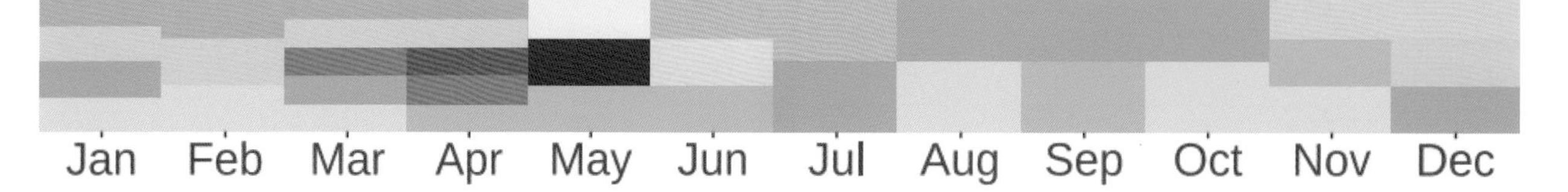

开花末期及幼果期

幼果期

果期

果实成熟期

果实脱落期

秋季叶变色期

夜花藤

英名：Shining Hypserpa

葡名：Hypserpa Lustrosa

Hypserpa nitida Miers, Hooker's j.Bot. Kew Gard. Misc. 3: 258. 1851. 澳门植物志 1: 125，2005

特征 木质藤本；嫩枝常被柔毛。叶近革质，长圆形至长圆状披针形，顶端短尖至渐尖，基部钝或圆形；叶脉基出，3 条；叶柄被柔毛。雄花序聚伞状或总状，有花 3~5 朵，萼片卵形，花瓣 4~5 枚，椭圆形；雌花序单花，腋生。核果近球状，直径约 7 mm。花果期 5~8 月。

分布 大潭山样地、九澳角样地、黑沙水库样地均有少量。路环东北步行径、龙爪角黑沙海湾有分布。常见生于林中或林缘。分布于中国广东、广西、海南、福建、云南。斯里兰卡、中南半岛各国、马来西亚、印度尼西亚、菲律宾也有。

物候 《广州植物志》《海南植物志》《澳门植物志》中记载花果期 5~8 月。澳门植物物候监测中发现，1~2 月新藤蔓伸长，叶芽萌发，并逐渐展叶，3~11 月为展叶盛期，10 月至翌年 2 月叶逐渐变为黄色，并逐渐落叶。4 月花芽膨大，5 月开花，花期短，同时落花并有幼果，6~7 月果熟，成熟果橙黄色。

展叶始期

展叶盛期

芽开放期

花蕾出现期

Jan Feb Mar Apr May Jun Jul Aug Sep Oct Nov Dec

开花始期

果实成熟期

开花盛期

粪箕笃

英名：**Long Stephania**
葡名：**Stefánia Comprida**

Stephania longa Lour., Fl. Cochinch. 2: 609. 1790. 澳门植物志 1: 126, 2005

展叶始期

特征 草质藤本。叶纸质，三角状卵形至披针形，顶端钝，有凸尖，基部截平或微凹，两面无毛；叶脉掌状，常 10 条。花序腋生，伞状分枝；雄花萼片 8~6 枚，花瓣 4 或 3 片，近圆形；雌花萼片和花瓣均 4 片。核果熟时红色。

分布 4 个样地均有。松山市政公园、路环有分布。生于灌丛中或林缘。分布于中国广东、广西、海南、福建、台湾、云南。

物候 《广州植物志》《海南植物志》《澳门植物志》中记载花期 4~6 月；果期 8~10 月。澳门植物物候监测中发现，1~4 月藤蔓伸长，叶芽萌发，叶始展，3~8 月藤蔓伸长盛期，亦为展叶盛期；11~12 月多数变化不明显，11 月至翌年 1 月叶变为黄色，并为落叶期。4~12 月陆续观察到有花，主要在 4~6 月，花期短，同时落花并有幼果，6~7 月果熟，果熟时红色，果较少见。

展叶盛期

开花始期

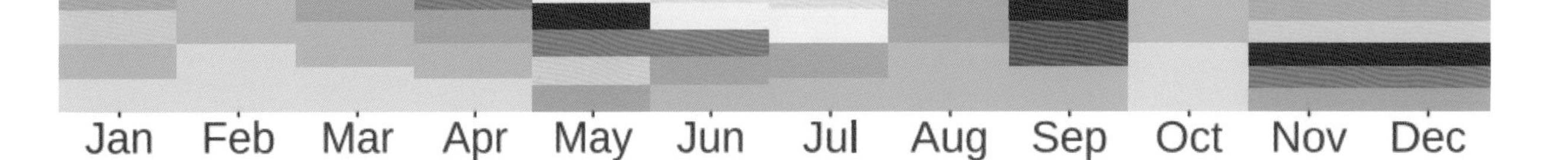

开花盛期

开花末期

幼果期

果实成熟期

朴树

英名：Chinese Hackberry
葡名：Lódão da China

Celtis sinensis Pers., Syn. Pl. 1: 292. 1805. 澳门植物志 1: 131, 2005

特征 落叶乔木，高可达 10 m；小枝幼时密被短柔毛。叶纸质，叶片卵形或长卵形，顶端短渐尖，基部近圆形，稍偏斜，边缘中部以上通常有锯齿，幼时两面被柔毛，后脱落；基部三出脉在叶背明显凸起。雄花在新枝下部排成聚伞花序，雌花 1~3 朵生于枝上部叶腋间。核果近球形。花期 3~4 月；果期 9~10 月。枝叶浓密，树冠开阔，是园林中优良的遮阴树种。

分布 大潭山样地有少量幼苗。松山市政公园、西望洋山、望厦山市政公园、卢廉若公园、白鸽巢公园、螺丝山公园、氹仔大潭山郊野公园等地有分布。偶见生于疏林中。分布于中国广东、广西、江西、浙江、安徽、福建、台湾、江苏、湖南、湖北、四川、贵州、河南、山东。

物候 《广州植物志》《海南植物志》《澳门植物志》中记载花期 3~4 月；果期 9~10 月。澳门植物物候监测中发现，1~2 月叶芽萌发，3~10 月为展叶盛期，主要集中在 3~4 月，满树嫩叶黄绿色，长成叶变为绿色；11 月至翌年 2 月为叶变色期，叶片逐渐变黄，不断落叶，有些植株全落叶，有些半落叶，只剩下少数黄色叶。花期 3~4 月，花期很短，同时落花并有幼果，3~5 月幼果期，6~7 月果熟，果熟时黄色。

芽开放期

展叶盛期

开花盛期

Jan Feb Mar Apr May Jun Jul Aug Sep Oct Nov Dec

开花末期及幼果期

幼果期

果实成熟期

秋季叶变色期

假玉桂

别名：樟叶朴

英名：**Philippine Hackberry**

葡名：**Lódão das Filipinas**

Celtis timorensis Span., in Linneae 15(4): 343. 1841.
澳门植物志 1: 131, 2005

特征 常绿乔木，高 5~18 m；小枝幼时有金褐色短毛。叶近革质；叶片卵形至卵状披针形，全缘或仅顶端有不明显的细齿；基部三出脉在叶面凹入，在叶背凸起。聚伞花序有 2~3 分枝；萼片 4 枚，有缘毛。核果椭圆形。枝叶繁茂，宜栽作遮阴树或园景树。

分布 只见于大潭山样地。西望洋山、松山市政公园、白鸽巢公园有分布。生于疏林中。分布于中国广西、福建、台湾、贵州、云南和西藏。印度、缅甸、越南、马来西亚、印度尼西亚也有。

展叶始期

物候 《广州植物志》《海南植物志》《澳门植物志》中记载花期 3~4 月；果期 9~10 月。澳门植物物候监测中发现，假玉桂 2~3 月叶芽萌发，4~8 月为展叶盛期；12 月至翌年 2 月叶变为黄色，至 3 月逐渐落叶。花期 4 月，花期集中，花期短，同时落花并有幼果，4~5 月幼果期，6~9 月果熟，成熟果黄色至红色，边成熟边落果。

展叶盛期

开花盛期

Jan Feb Mar Apr May Jun Jul Aug Sep Oct Nov Dec

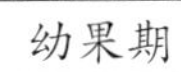

幼果期

果实成熟期

白桂木

英名：Silverback Artocarpus
葡名：Jaca Mínima

Artocarpus hypargyreus Hance ex Benth., Fl. Hongk. 325. 1861. 澳门植物志 1: 134, 2005

特征 常绿乔木；枝及叶柄被锈色短柔毛。叶革质，椭圆形或倒卵状长圆形，全缘，幼树之叶常羽状浅裂，叶背被粉状柔毛。雌雄同株，花序单生叶腋，花与盾形苞片混生于倒卵形或球形的花序托上。聚花果近球形，直径 3~4 cm，浅黄色至橙黄色，表面有乳头状突起。本种树形优美，树冠圆锥形，宜栽作景观树。

分布 见于黑沙水库样地。路环、氹仔有分布。少见生于丘陵林中、灌丛或路边。分布于广东、广西、海南、江西、福建、湖南、云南。

物候 《广州植物志》《海南植物志》《澳门植物志》中记载花期 5~8 月；果期 6~8 月。澳门植物物候监测中发现，白桂木 1~4 月叶芽萌发，展叶，4~8 月为展叶盛期；花期 4~10 月，因为隐头花序，球花序托白色，解剖才能看到花，授粉后逐渐发育为绿色的幼果，6~12 月果期，9~12 月发现有果熟，果熟时金黄色，果边成熟边落果。

展叶始期

芽开放期

展叶盛期

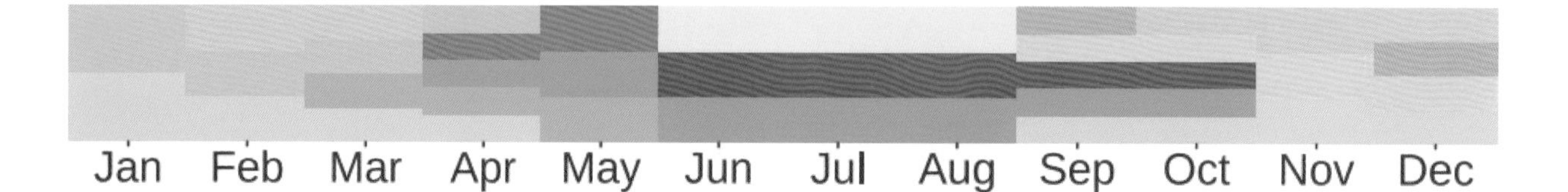

花期

果期

果实成熟期

粗叶榕

英名：**Hairy Fig**
葡名：**Figueira Brava**

Ficus hirta Vahl, Enum. 2: 201. 1805; 澳门植物志 1: 142, 2005

特征 灌木或小乔木；小枝、叶和榕果被刚毛。叶纸质，长椭圆状卵形或宽卵形，边缘具细锯齿或3~5深裂，稀全缘。雌雄异株，榕果成对腋生或生于落叶枝上，球形或卵球形。瘦果椭圆球形，表面光滑，花柱贴生于一侧微凹处，细长，柱头棒状。花果期全年。

分布 4个样地均有，其中松山样地最多。松山市政公园、路环、氹仔有分布。常见，生于疏林中。分布于中国西南部至东南部。亚洲南部至东南部也有。

物候 《广州植物志》《海南植物志》《澳门植物志》中记载花果期全年。澳门固定样地植物物候监测中发现，粗叶榕几乎全年均有发新叶和结果。主要在8月至翌年3月叶芽萌发，2~3月、6~10月为展叶期，4~5月，8~9月为展叶盛期；一年均有花果，主要集中于4~6月，为盛果期，同时果实逐渐成熟，6~10月为果熟盛期，成熟果黄色、红色至黑色。10月至翌年2月有少量黄叶。

展叶始期

展叶盛期

Jan Feb Mar Apr May Jun Jul Aug Sep Oct Nov Dec

花期

幼果期

果实成熟期

榕树

别名：细叶榕
英名：**Chinese Banyan**
葡名：**Árvore de Pagode**

Ficus microcarpa L. f., Suppl. Sp. Pl. 442. 1782. 澳门植物志 1: 144, 2005

特征 常绿乔木；全株无毛，老树常具锈褐色气根。叶薄革质，狭椭圆形，全缘。雌雄同株，榕果成对腋生或生于已落叶枝叶腋，熟时黄色或微红色，扁球形，直径 6~8 mm。瘦果卵圆形。澳门广泛种植，在澳门古树中的数量排名第 2。树冠开阔，枝叶茂盛，根系发达，抗风力强，为优良的风景树及防风树。在村镇中常栽作遮阴树和风水树。

分布 只见于松山样地有株大树。何贤公园、路环园林绿化部苗圃、望厦山市政公园、卢廉若公园、白鸽巢公园、二龙喉公园、螺丝山公园、南湾公园、贾梅士花园、宋玉生公园、海滨花园、海角游云花园均有分布。常见，生于林中、旷地、路边；野生或栽培。分布于中国东南部、南部至西南部。亚洲南部、东南部至大洋洲。

物候 《广东植物志》《中国植物志》《澳门植物志》中记载花果期 5~10 月。澳门样地监测中发现，榕树 11 月至翌年 1 月有些叶色变黄，有明显落叶，同时新芽萌发，新叶始展，3~6 月展叶盛期，叶色由黄绿色至绿色。花期 5 月，几乎全年均有果，主要集中在 3~9 月，成果期 5~6 月，果熟时黄色，边成熟边落果。

展叶盛期

展叶始期

幼果期

Jan Feb Mar Apr May Jun Jul Aug Sep Oct Nov Dec

果实成熟期

变叶榕

英名：Varied-leaved Fig

葡名：Figueira Vária

Ficus variolosa Lindl. ex Benth., London J. Bot. 1: 492. 1842. 澳门植物志 1: 150, 2005

特征 灌木或小乔木；小枝节间短。叶薄革质，窄椭圆形至椭圆状披针形，全缘。雌雄异株，榕果成对或单生叶腋，球形，直径 1~1.2 cm，具瘤体，基生苞片 3 枚，基部微合生；雌花生雌株榕果内。瘦果具瘤体。

分布 见于大潭山和黑沙水库样地。路环叠石塘有分布。常见，生于灌丛或疏林中。分布于中国华南、东南部至西南部。老挝、越南也有。

物候 《广东植物志》《中国植物志》《澳门植物志》中记载花果期 2~12 月。澳门植物物候监测中发现，变叶榕几乎全年都有叶芽萌发，4~10 月为展叶盛期；3 月始花，4~6 月为盛花期，2~9 月为果期，果熟时红色至黑色。9 月部分叶始变为黄色，至翌年 3 月叶均有枯黄。

展叶始期

芽开放期

展叶盛期

Jan Feb Mar Apr May Jun Jul Aug Sep Oct Nov Dec

幼果期

果实成熟期

细齿叶柃

别名：亮叶柃
英名：**Shining Eurya**
葡名：**Eurya Brilhante**

Eurya nitida Korth., Verh. Nat. Gesch. Ned Bezitt., Bot. 3: 115, t. 17. 1841. 澳门植物志 1: 193, 2005

特征 灌木或小乔木，高 2~6 m，全体无毛；嫩枝具 2 棱。叶薄革质，长圆状椭圆形或倒卵状披针形，边缘有钝锯齿。花白色，1~4 朵腋生；雄花萼片近圆形，基部合生；雌花萼片卵圆形，顶端凹入；花瓣长圆形。果球形，成熟时蓝黑色；种子肾形，亮褐色，表面具细蜂窝状网纹。

分布 4 个样地均有。路环、氹仔有分布。生于灌丛或疏林中，是澳门自然植被中最常见的树种之一。分布于中国长江流域以南各地。中南半岛、斯里兰卡、印度、菲律宾、印度尼西亚也有。

物候 《广州植物志》《中国植物志》《澳门植物志》中记载花期 11 月至翌年 1 月；果期 7~9 月。澳门植物物候监测中发现，细齿叶柃一年四季都有发新叶和开花结果的现象，相对集中于 1~2 月叶芽萌发，3~10 月均有展叶现象，新叶红色；10 月始花，12 月至翌年 1 月为盛花期，边开花边结果，常有花果同株的现象，1~9 月多为幼果，9~12 月果熟，果熟时黑色，12 月至翌年 2 月为落果期。黄叶落叶集中于 12 月至翌年 1 月。

展叶盛期

展叶始期

花蕾出现期

开花盛期

开花末期

幼果期

果期

果实成熟期

木荷

别名：荷树、荷木
英名：Gugertree
葡名：Schima Comum

Schima superba Gardn. et Champ., in Hook. Kew Journ. 1: 246. 1849. 澳门植物志 1: 194, 2005

特征 高大乔木，高达 25 m。叶革质，椭圆形，顶端尖锐，基部楔形，侧脉两面均明显，边缘有钝齿。花生于枝顶叶腋，总状花序状，直径 3 cm，白色；花梗长 1~3 cm，纤细；苞片 2 枚，贴近萼片，早落；萼片半圆形；花瓣长约 1.5 cm，最外 1 片风帽状。蒴果直径约 2 cm。

分布 只见于大潭山样地，为样地中的上层树种。路环、氹仔有分布。生于林中。分布于广东、广西、海南、浙江、福建、台湾、江西、湖南、贵州等地。

物候 《广州植物志》《澳门植物志》中记载花期 6~8 月。澳门植物物候监测中发现。荷树 1~3 月叶芽萌发，3 月始展叶，4~10 月为展叶盛期，9 月至翌年 3 月有少量黄叶，1~3 月有落叶现象；4 月始花，5 月盛花，6 月大量落花，且见幼果，7~9 月为果熟期，熟果灰褐色至黑色，常瓣裂，10~11 月为落果期。

展叶始期

芽开放期

展叶盛期

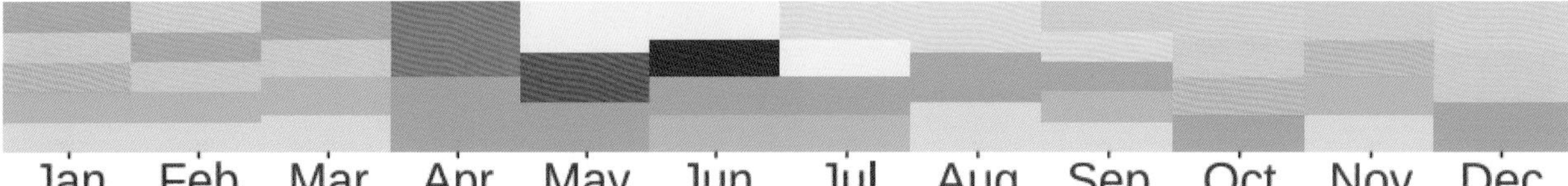

花蕾出现期

开花盛期

开花末期

果期

果实成熟期

破布叶

别名：布渣叶
英名：Microcos
葡名：Micrócos

Microcos paniculata L., Sp. Pl. 1: 514. 1753. 澳门植物志 1: 204, 2005

特征 灌木或小乔木，高 3~13 m。叶纸质，卵形或卵状长圆形，顶端渐尖，基部圆形，边缘有小锯齿。花序大，顶生或生于上部叶腋内；萼片 5 枚，长圆形；花瓣 5 片，淡黄色，长圆形。核果近球形或倒卵形，长约 1 cm，黑褐色，3 室。

分布 主要见于松山样地，其他样地有少量。澳门见于望厦山市政公园、螺丝山公园、路环、氹仔有分布。常见，生于山地灌丛中。分布于中国广东、广西、海南、云南。印度、中南半岛、印度尼西亚也有。

物候 《广州植物志》《澳门植物志》中记载花期夏秋季，果期冬季。澳门固定样地监测中发现，破布叶为落叶或半落叶，11 月至翌年 4 月叶片变黄并落叶，有些植株叶全部落完；1~4 月，8~11 月有顶芽萌发，5~9 月为展叶盛期；5~11 月花期，其中 5~6 月、10~11 月为盛花期；6~12 月果期，7~9 月盛果期，其中 10~11 月果熟期，果熟时黄色，边成熟边落果，10~12 月为落果期。

芽开放期

展叶盛期

展叶始期

花序出现期

Jan Feb Mar Apr May Jun Jul Aug Sep Oct Nov Dec

花蕾出现期　开花始期　开花盛期

开花末期　开花末期及幼果期　果期

秋季叶变色期　落叶期

假苹婆

英名：Lance-leaved Sterculia
葡名：Estercúlia Silvática

Sterculia lanceolata Cav., Diss. 5 Quinta Diss. Bot. 287. 1788. 澳门植物志 1: 211, 2005

特征 乔木，小枝初时被毛。叶薄革质，椭圆形、披针形或椭圆状披针形，顶端急尖，基部圆钝。花淡红色，萼齿5枚，仅基部连合，向外开展呈星状，长圆状披针形或长圆状椭圆形，顶端有小尖凸。蓇葖果红色，厚革质，长圆状卵形或长椭圆形，顶端有喙；种子黑褐色，椭圆状卵形，直径约1 cm。为优良庭院绿化树种，澳门亦栽作景观树和行道树。

分布 松山和大潭山样地均有大量，是这两个样地的优势种，九澳角和黑沙水库样地亦有少量。松山市政公园、望厦山市政公园、卢廉若公园、白鸽巢公园、二龙喉公园、螺丝山公园、南湾公园、纪念孙中山市政公园、贾梅士花园、海角游云花园、路环叠石塘有分布。极常见，生于低山次生林、山涧附近。分布于中国广东、广西、云南、贵州、四川。缅甸、越南、泰国、老挝也有。

物候 《广东植物志》《海南植物志》《中国植物志》《澳门植物志》中记载花期4~5月；果期8~9月。假苹婆在澳门为半落叶树种，有些个体可以全落叶，有些为半落叶，且落叶时段不集中，花果期与叶色变黄、落叶物候期常重叠。几乎全年可见顶芽，顶芽不断伸长，3~4月为展叶盛期，嫩叶黄绿色，5~10月一直展叶，不同植株一边老叶掉落一边发新叶，全年均有黄色叶并逐渐掉落，5~11月一直有落叶现象，其中10~11月落叶较明显。1~2月现花苞，3月始花，4月为盛花期，5~8月花边开边落，边开花边结果，7~8月为盛果期，同株树上有不同物候期的果，果熟时红色，果皮常裂开、种子外露，种皮黑色发亮，果皮鲜红色，非常美丽，常常种子掉落，果皮仍挂在树上。本项目监测的假苹婆花果期物候较植物志中记载的长。

芽开放期

展叶始期

展叶盛期

花蕾或花序出现期

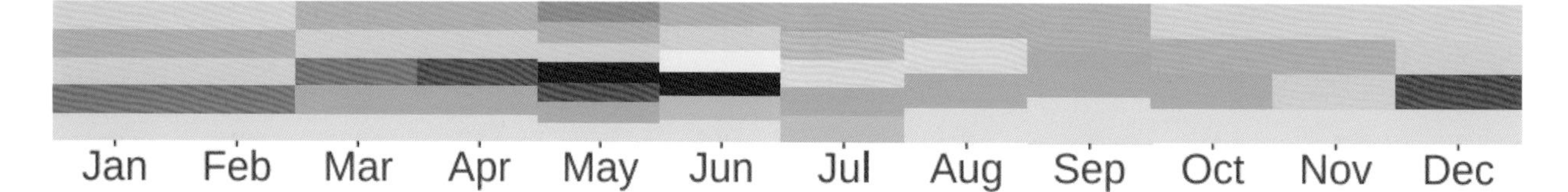

开花始期

开花盛期

幼果期

果期

果实成熟期

果实脱落期

落叶期

秋季叶变色期

天料木

英名：Cochinchina Homalium

葡名：Homálio

Homalium cochinchinense Druce, Rep. Bot. Soc. Exch. Club Brit. Isles 4(Suppl. 2): 628. 1917. 澳门植物志 1: 229, 2005

特征 乔木；树皮灰褐色或紫褐色；小枝密被黄色短柔毛。叶纸质，宽椭圆状长圆形至倒卵状长圆形；网脉明显。花多数，排列成总状花序，花白色，花瓣匙形，边缘睫毛状。蒴果倒圆锥状。

分布 只见于大潭山样地。白鸽巢公园、贾梅士花园、路环、氹仔有分布。生于疏林中。分布于中国广东、广西、海南、福建、江西、湖南、西藏。印度、越南也有分布。

物候 《广东植物志》《海南植物志》《中国植物志》《澳门植物志》中记载花期全年；果期 9~12 月。天料木为澳门少数的落叶树种之一，有些个体半落叶，冬天叶色变红，有较好的观叶期。9 月始叶色逐渐变黄，11~12 月叶色变红，并有落叶，至翌年 1~2 月，叶几乎落完，1~3 月顶芽出现，3~9 月一直有展叶，3~5 月为展叶盛期。3~10 月持续有花，4 月和 9 月为盛花期，样地中有些年份发现 2 次开花，花期短。花谢后有子房膨大的幼果，即开花的次月即有幼果，花瓣宿存，果小，不易观察，果常未成熟前已落果，果少见，11 月至翌年 2 月果熟并有落果。

展叶始期

展叶盛期

花蕾出现期

开花始期

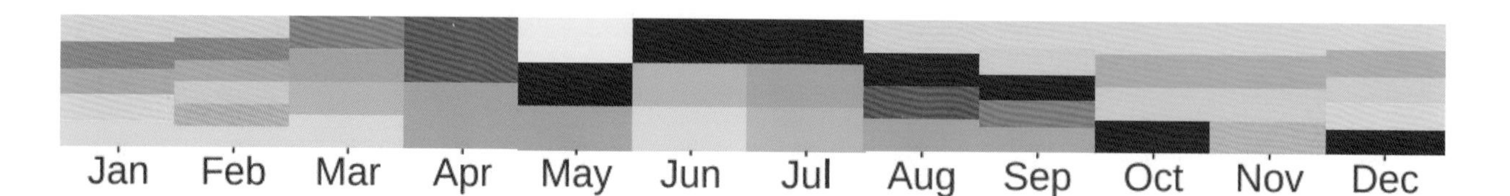

开花盛期

开花末期

果期

果实脱落期

秋季叶变色期

落叶期

箣柊

英名：**Chinese Scolopia**
葡名：**Hiterlú**

Scolopia chinensis Clos, Ann. Sci. Nat. Bot. Sér. 4, 8: 249. 1857. 澳门植物志 1: 229, 2005

特征 常绿小乔木，树干基部和树枝有稀刺。叶革质，椭圆形至长圆状椭圆形基部两侧各有1腺体；三出脉，网脉两面明显。总状花序腋生或顶生，花小，淡黄色；花瓣4~5片，倒卵状长圆形。浆果圆球形，顶端有宿存柱头。花和果美丽，可供园林观赏。

分布 只见于九澳角样地。松山市政公园、路环有分布。生于湿润的山坡林中或海边石缝中。分布于中国广东、广西、海南、福建。斯里兰卡、老挝、越南、泰国、马来西亚也有。

物候《广西植物志》《中国植物志》《澳门植物志》中记载花期秋末冬初，果期晚冬。澳门植物物候监测中发现，本种有较明显的叶变色期。黄叶、落叶集中在12月至翌年3月，为全落叶植物，冬天有红色嫩叶，有较好的观叶期。2~12月均有新叶出现，其中9~10月为主要展叶盛期。花期9~10月，果期10月至翌年3月，果熟期12月至翌年3月。

展叶始期

展叶盛期

花蕾出现期

开花始期

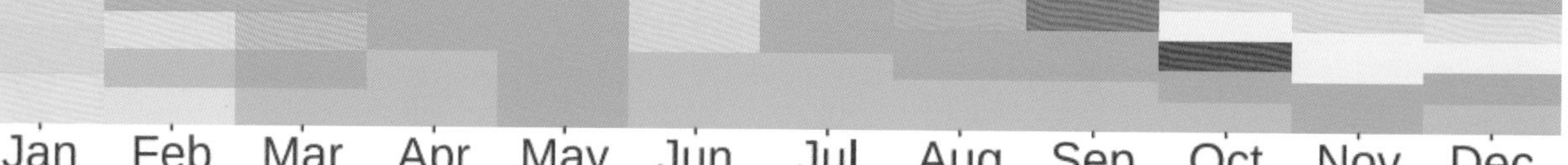

幼果期

果实成熟期

革叶铁榄

英名：**Iron Olive**
葡名：**Oliveira Férrea**

Sinosideroxylon wightianum (Hook. & Arn.) Aubrév., Adansonia sér. 2, 3: 32, in adnot. 1963. 澳门植物志 1: 261, 2005

特征 常绿小乔木，高 3~5 m，有白色乳汁。叶长圆形或椭圆形，两侧稍不对称；侧脉 10~15 对，很明显。花数朵簇生于叶腋；花冠白色，花冠管裂片近圆形或卵形；雄蕊稍长于花冠裂片。浆果深紫色，椭圆形或近卵形，长 1~1.5 cm；种子 1 颗，光亮。树形优美，可作园林绿化。

分布 见于大潭山样地和黑沙水库样地。氹仔大潭山郊野公园有分布。生于山坡疏林中。分布于广东、云南、贵州。越南。

物候 《广东植物志》《中国植物志》《澳门植物志》中未见革叶铁榄物候期的记载。澳门物候监测中发现，革叶铁榄叶色四季常绿，基本全年均有展叶，主要在 3~7 月为展叶盛期，8~12 月有少量黄叶。花期 9 月至翌年 1 月，9 月花蕾膨大至始花，10~12 月盛花。未见结果。

展叶始期

芽开放期

花蕾出现期

Jan Feb Mar Apr May Jun Jul Aug Sep Oct Nov Dec

开花始期

开花盛期

小果柿

英名：Small Persimmon

葡名：Diόspiro Pequeno

Diospyros vaccinioides Lindl., in Hook. Exot. Fl. ii. t. 139. 澳门植物志 1: 263, 2005

特征 灌木，高 1~3 m，分枝极多；嫩枝、嫩叶和冬芽密被锈色茸毛。叶卵形或椭圆形；叶柄很短。雄花 1~3 朵腋生，近无梗；雌花单朵腋生；花萼、花冠均 4 裂。果球形或椭圆形，直径 8~10 mm；种子 1~3 颗；宿存花萼均 4 裂，直径 10~16 mm。枝叶细密，风姿优雅，属低维护树种。作园景树易修剪成形，单植、列植、群植效果均佳。

分布 只见于九澳样地。路环竹湾泳场有分布。生于沟谷或山坡灌丛中。分布于广东。

物候 《广东植物志》《中国植物志》《澳门植物志》中记载小果柿花期 5 月；果期冬季。澳门固定样地植物物候监测中发现，小果柿全年均有展叶现象，但集中现象为 9~12 月有腋芽，翌年 2 月叶芽膨大、伸长，叶芽逐渐松开，至展叶，3~5 月展叶盛期；花期 3~6 月，果期 10 月。

芽膨大始期

芽开放期

展叶始期

展叶盛期

Jan Feb Mar Apr May Jun Jul Aug Sep Oct Nov Dec

花蕾出现期

开花始期

开花盛期

果期

朱砂根

英名：Hilo Holly
葡名：Avezim

Ardisia crenata Sims, Bot. Mag. 45: t. 1950. 1817. 澳门植物志 1: 265, 2005

特征 常绿灌木，高 1~2 m。叶互生，通常生于枝条的上半部，叶片椭圆形，长圆状披针形或倒披针形，边缘具波状圆齿，纸质或近革质，边缘脉靠近叶缘。花序近伞形，或有分枝而成聚伞状；花萼裂片卵形或长圆状卵形；花冠白色或淡红色，裂片卵形。果球形，成熟时鲜红色。株形秀丽，果实成熟时鲜红，宛如“绿伞遮金珠”富贵吉祥的景象，故花农们称它“富贵籽”，耐阴，是优良的室内观果花卉。

分布 4 个监测样地均有，其中黑沙水库和九澳角较多。松山市政公园、路环、氹仔有分布。常见，生于疏林下。分布于中国华南、华东、华中、西南地区。日本、中南半岛、马来西亚也有。

物候 《中国植物志》《澳门植物志》中记载花期 5~6 月；果期 10~12 月。澳门植物物候监测中发现，朱砂根在澳门为常绿植物，1~2 月无明显变化，3~6 月现顶芽并开始展叶，7~10 月为展叶盛期；5 月始花，6~7 月为盛花并落花；7~11 月为幼果期，11 月至翌年 3 月为果熟期，成熟果为鲜红色，翌年 1~4 月为落果期。

芽开放期

展叶始期

展叶盛期

花蕾出现期

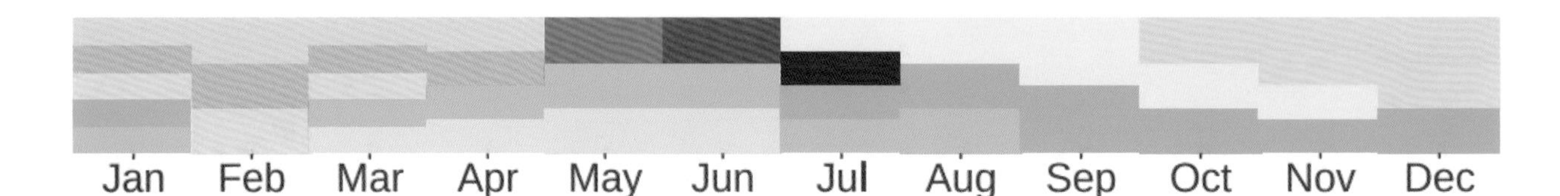

开花始期

开花盛期

幼果期

果期

开花末期

果实成熟期

酸藤子

英名：Twig-hanging Embelia
葡名：Embélia Pendurada

Embelia laeta Mez, (Engler). Pflanzenr. (Engler) IV. 236 (Heft 9): 326. 1902. 澳门植物志 1: 267, 2005

特征 常绿灌木。茎初时近直立，后披散或攀缘；枝无毛，干时皱缩，有明显皮孔。叶互生，倒卵形至长圆状倒卵形，全缘。总状花序侧生或腋生，具3~8花；花白色，4基数，功能性单性；花萼分裂至中部以下，裂片卵形；花冠裂片几分离，卵形或长圆状卵形。果球形。

分布 4个监测样地均有，九澳角较多。松山市政公园、氹仔、路环九澳有分布，生于林缘、灌丛中。分布于中国广东、广西、海南、江西、福建、台湾、云南。中南半岛也有。

物候 《中国植物志》《澳门植物志》中记载花期12月至翌年3月；果期4~6月。澳门植物物候监测中发现，酸藤子在澳门有较明显的物候变化。1月可见顶芽，几乎全年都有新叶，3~11月均有展叶盛期的植株，相对集中于7~12月；1月花蕾出现至始花，2~3月盛花，3月有落花现象，3~4月为幼果期，5~6月为果熟期，成熟果红色。

展叶始期

展叶盛期

花蕾出现期

开花始期

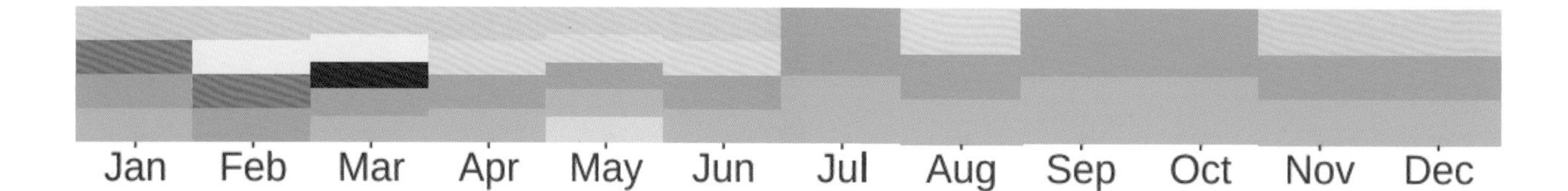

开花盛期

幼果期

果期

果实成熟期

石斑木

别名：车轮梅
英名：**Indian Hawthorn**
葡名：**Espinheiro da Índia**

Rhaphiolepis indica (L.) Lindl., Bot. Reg. 6: t. 468. 1820. 澳门植物志 1: 280, 2005

展叶始期

展叶盛期

特征 灌木至小乔木。小枝幼时被褐色茸毛，后渐脱落。叶常聚生于枝顶，革质，卵形至披针形，边缘具锯齿。圆锥状或总状花序顶生，长 4~6 cm；总花梗和花梗被锈色茸毛；花白色或淡红色，直径 1~1.3 cm；花瓣 5，倒卵形或披针形。果球形，成熟时紫黑色，具粗果柄。可作观赏及蜜源植物。

分布 4 个监测样地均有。路环、氹仔、松山市政公园、卢廉若公园、二龙喉公园、螺丝山公园有分布。生于山坡、旷野。分布于广西、香港、江西、福建、台湾、安徽、浙江、湖南、贵州、云南。

物候 《广州植物志》《海南植物志》《中国高等植物图鉴》《澳门植物志》中花期 2~4 月；果期 7~8 月。澳门植物物候监测中发现，石斑木 1~2 月始展叶，3~10 月均有展叶盛期的植株，集中于 3~5 月，10~12 月有部分黄叶和落叶；3~4 月盛花，5~8 月为幼果期，9~12 月为果熟期，果熟时紫黑色。

芽开放期

花蕾出现期

Jan Feb Mar Apr May Jun Jul Aug Sep Oct Nov Dec

开花始期

开花末期

开花盛期

幼果期

果实成熟期

台湾相思

英名：Taiwan Acacia
葡名：Acácia Amarela

Acacia confusa Merr., Philipp. J. Sci. Bot. C 5: 27. 1910. 澳门植物志 1: 284, 2005

展叶盛期

花蕾出现期

特征 常绿乔木，树皮褐色。叶状柄披针形，直或微弯，有纵脉 3~5 条。头状花序球形，直径约 1 cm；花金黄色，微香。荚果扁平，长 4~9 cm，宽 0.7~1.2 cm；约有种子 2~8 颗，种子间微缢缩。可作荒山造林树种。

分布 九澳角样地的建群种，大潭山样地也有少量。路环迭石塘、黑沙滩、松山市政公园、氹仔、路环有栽培。分布于中国广东、广西、海南、江西、福建、浙江、台湾、四川、云南。菲律宾、印度尼西亚也有。

物候 《广东植物志》《中国植物志》《澳门植物志》中花期 3~10 月；果期 8~12 月。澳门植物物候监测中发现，台湾相思 1~10 月均有展叶现象，1~5 月为展叶盛期，8 月至翌年 4 月叶色变黄，并有落叶。3~5 月为花期，5 月为落花期，5~6 月可见幼果，7~8 月为果熟期，果熟时黑色，果荚常在树上裂开，通常种子先掉落，而果荚壳仍挂在树上一段时间后才掉落。

开花始期

展叶始期

开花盛期

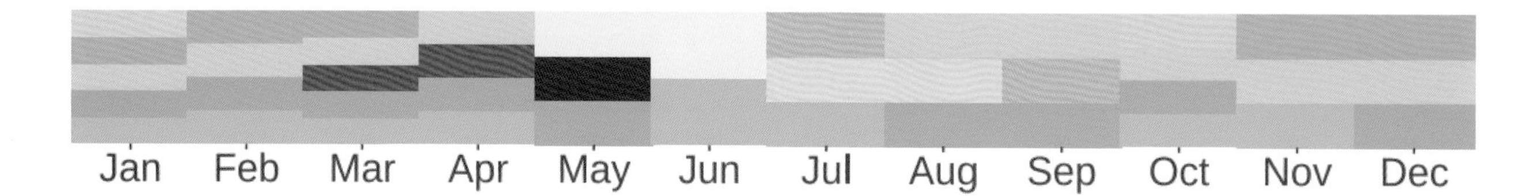

开花末期

幼果期

果实成熟期

果实脱落期

亮叶猴耳环

英名：**Chinese Apes-earring**
葡名：**Brincos-de-Macaco Chinês**

Archidendron lucidum (Benth.) Nielsen, Adansonia sér. 2.19 (1): 19. 1979. 澳门植物志 1: 289, 2005

展叶始期

展叶盛期

特征 乔木。嫩枝、叶柄和花序被褐色短茸毛。二回羽状复叶有羽片 1~2 对；小叶 2~5 对，斜卵形或长圆形，叶面光亮。球形头状花序有花 10~20 朵，再排成圆锥花序；花白色，花瓣长 4~5 mm。荚果旋卷成环状，宽 2~3 cm；种子黑色，长约 1.5 cm。可用作郊野绿化。

分布 松山样地和大潭山样地较多。松山市政公园、路环东北步行径有分布。常见，生于疏林中。分布于中国广东、广西、海南、福建、浙江、台湾、四川、云南。泰国、越南、老挝、柬埔寨也有。

物候 《广东植物志》《澳门植物志》中记载花期 4~6 月；果期 7~12 月。澳门植物物候监测中发现，亮叶猴耳环 10 月至翌年 6 月均有顶芽出现，主要集中在 1~2 月顶芽萌动，3 月为始展叶，3~10 月均有展叶盛期的植株，11 月至翌年 2 月叶变色并有落叶现象；4~5 月为花期，5 月盛花，花期短；果期 5~10 月，果熟时黑色，环状果荚在树上裂开，种子先掉落，果荚壳仍挂在树上一段时间。

花蕾出现期

芽开放期

开花始期

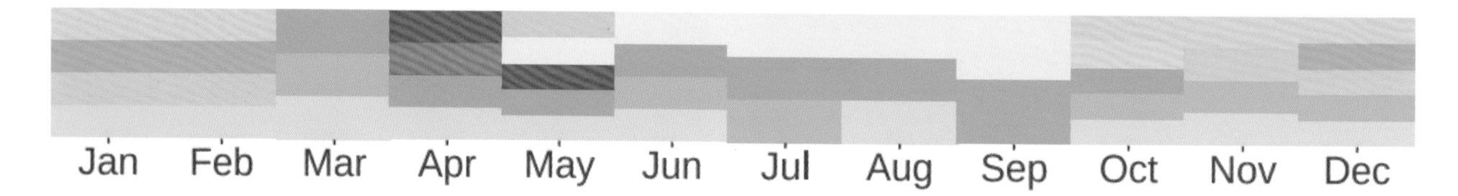

果期

开花盛期

果实成熟期

果实脱落期

藤黄檀

英名：**Scandent Rosewood**

葡名：**Dalbérgia Trepadora**

Dalbergia hancei Benth., J. Proc. Linn. Soc., Bot. 4 (Suppl.): 44. 1860. 澳门植物志 2: 20，2006

展叶盛期

特征 木质藤本，小枝有时变成钩状或螺旋状。奇数羽状复叶，有小叶 7~13 片；小叶长圆形或倒卵状长圆形。圆锥花序腋生；花梗与花萼及小苞片同被锈色短柔毛；花萼阔钟状，萼齿短，近等长；花冠白色，旗瓣椭圆形，略外翻。荚果扁平，长圆形或带状；种子 1 颗，偶 2~4 颗，极扁平。

分布 4 个监测样地均有少量。氹仔、路环有分布。生于山坡灌丛或山谷溪旁。分布于长江以南各地。

物候 《中国植物志》《广东植物志》《海南植物志》《澳门植物志》中花期 4~5 月；果期 7~8 月。澳门植物物候监测中发现，藤黄檀几乎全年均有发新叶，相对集中于 3~5 月，10 月至翌年 5 月叶变色并为落叶期；3 月为花期，4~10 月为果期，7~10 月为果熟期。

展叶始期

展叶盛期及开花盛期

Jan Feb Mar Apr May Jun Jul Aug Sep Oct Nov Dec

幼果期

果实成熟期

亮叶鸡血藤

别名：亮叶崖豆藤
英名：Glittering-leaved Millettia
葡名：Milétia Brilhante

Callerya nitida (Benth.) R. Geesink, Leiden. Bot. ser. 8: 83. 1984. 澳门植物志 2: 35, 2006

特征 攀缘灌木；茎皮锈褐色，粗糙，嫩枝被锈色短柔毛，渐变无毛。羽状复叶；托叶线形，脱落；小叶 2 对，硬纸质。圆锥花序顶生，密被锈褐色茸毛；花单生；苞片卵状披针形，小苞片卵形，早落；花萼钟状，密被茸毛；花冠青紫色，旗瓣密被绢毛，近基部有 2 枚胼胝体。荚果密被褐色茸毛，顶端具尖喙，果瓣木质；有种子 4~5 颗；种子栗褐色，光亮。观赏。

分布 大潭山样地较多，其他 3 个样地有少量。氹仔、路环有分布。生于海岸灌丛或山地疏林。分布于广东、广西、海南、江西、福建、贵州。

物候 《中国植物志》《广东植物志》《海南植物志》《澳门植物志》中记载花期 5~9 月，果期 7~11 月。澳门植物物候监测中发现，2~11 月均有展叶，3~10 月为展叶盛期，新叶朱红色；4~10 月为花期，6~9 月为盛花期；9~12 月为果期。

展叶盛期

花蕾出现期

展叶始期

开花始期

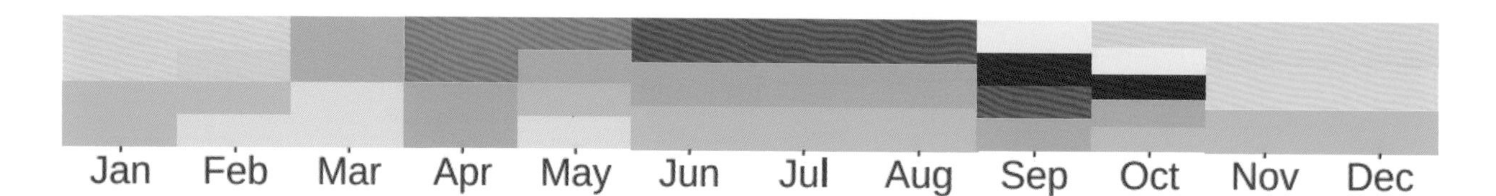

开花盛期

开花末期及幼果期

果期

鸡柏紫藤

别名：罗氏胡颓子
英名：**Loureiro's Elaeagnus**
葡名：**Elaeagno do Loreiro**

Elaeagnus loureiroi Champ., Hooker's J. Bot. Kew Gard. Misc. 5: 196. 1853. 澳门植物志 2: 54, 2006

特征 直立或蔓生灌木或藤本，无刺；嫩枝密被深锈色鳞片，老枝黑色，无鳞片。叶纸质，椭圆形至线状长圆形，顶端急尖或钝，基部圆形或楔形，叶背被银白色至锈色鳞片。花1~2朵生于叶腋，花梗深锈色；萼管在子房以上扩大成钟状，深锈色，管部裂片三角形。果椭圆形，长1.5~2.0 cm，宽0.8~1.2 cm，熟时橙黄色，外面被棕色鳞片，果梗长达1 cm，下弯。可作观果植物。

分布 松山样地较多。松山市政公园、路环石排后山、黑沙水库有分布，生于疏林下、灌丛中。分布于广东、香港、广西、江西、云南。

物候 《中国植物志》《广东植物志》《澳门植物志》中记载花期10~12月；果期翌年4~5月。澳门植物物候监测中发现，鸡柏紫藤有2次展叶盛期，分别为3~5月和8~11月；9~12月为花期，12月至翌年1月为果期，果熟时黄色至红色。

展叶始期

芽开放期

展叶盛期

Jan	Feb	Mar	Apr	May	Jun	Jul	Aug	Sep	Oct	Nov	Dec

花蕾出现期

开花始期

开花末期及幼果期

果实成熟期

桃金娘

别名：岗稔
英名：Rose Myrtle
葡名：Murta Ordinária

Rhodomyrtus tomentosa (Ait.) Hassk. Fl. Beibl. 2: 1842. 澳门植物志 2: 77, 2006

特征 灌木，高 1~2 m；小枝密被灰白色柔毛。叶革质，对生，长圆形至椭圆形，顶端圆或钝，常有小凹口，基部宽楔形或近圆形，叶面初时有毛，后脱落，叶背被灰色茸毛；离基三出脉，另有侧脉 3~5 对，网脉明显。花有明显的梗；花萼筒钟形，被灰色茸毛，花萼片 5 片，明显，宿存；花瓣淡红色、淡紫红色或白色；雄蕊红色，比花瓣短。浆果，卵状壶形，直径 1~1.5 cm，熟时紫黑色；种子多数，每室成 2 列排列。花期 4~5 月。

分布 只见于九澳角样地。松山市政公园、二龙喉公园、路环、氹仔有分布。生于灌丛及草坡上。分布于中国华南、东南及西南各地。中南半岛、菲律宾、日本、马来西亚、斯里兰卡、印度尼西亚也有。

物候《中国植物志》《海南植物志》《广州植物志》《澳门植物志》中只记录花期 4~5 月。澳门植物监测中发现，桃金娘 1~3 月为展叶期，4~11 月为展叶盛期；4~6 月为花期，花谢后现幼果，6~10 月为果期，8~10 月为果熟期，果熟时红色至黑色，10~11 月部分叶变黄，12 月落叶或无明显变化。

展叶始期

展叶盛期

花蕾出现期

开花始期

Jan Feb Mar Apr May Jun Jul Aug Sep Oct Nov Dec

开花盛期

幼果期

果期

果实成熟期

蒲桃

英名：Rose Apple
葡名：Jamboeiro

Syzygium jambos (L.) Alston, Handb. Fl. Ceyl. 6 (Suppl.): 115. 1931. 澳门植物志 2: 79, 2006

特征 乔木，高达 10 m；小枝圆形。叶革质，多透明小腺点，披针形或长椭圆形，顶端长渐尖。花数朵排成顶生的聚伞花序，花序梗长 1~1.5 cm，花梗长 1~2 cm；花萼筒漏斗形，花萼齿 4；花瓣 4，长约 1.4 cm，白色；雄蕊长 2~2.8 cm；花柱与雄蕊等长。浆果，球形或壶形，直径 3~5 cm，熟时黄色，顶端有宿存萼齿；种子 1~2 粒。常作园林绿化及固堤树种。

分布 只见于松山样地。卢廉若公园、何贤公园、松山市政公园、二龙喉公园、螺丝山公园、纪念孙中山市政公园有栽培。分布于中国华南、东南及西南地区。越南、马来西亚、印度尼西亚也有。

物候 《中国植物志》《海南植物志》《广州植物志》《澳门植物志》中记载花期 3~4 月，果期 5~6 月。澳门植物物候监测中发现，蒲桃全年均有新叶，相对集中于 9 月至翌年 3 月展叶盛期；1 月始花，2~3 月为盛花期；边开花边结果，2~5 月为果期，果熟时黄白色，6 月落果较多。12 月有少量黄叶。

展叶盛期

展叶始期

花蕾出现期

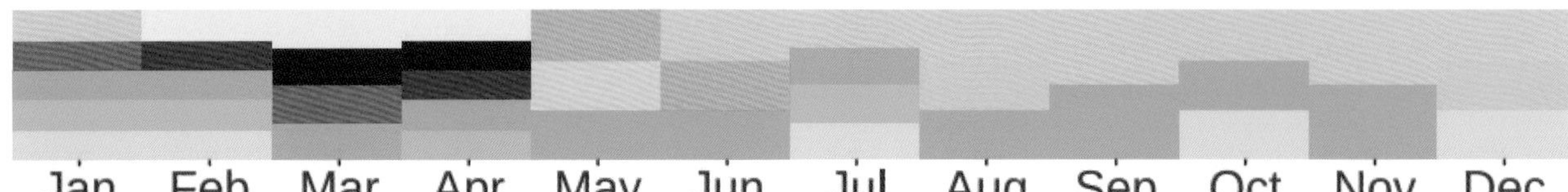

开花盛期

果期

落花期

果实成熟期

广东蒲桃

英名：**Canton Syzygium**
葡名：**Sizígio de Cantão**

Syzygium kwangtungense (Merr.) Merr., J. Arn. Arb. 19: 241. 1938. 澳门植物志 2: 80, 2006

特征 小乔木，高达 5 m；嫩枝圆形或略扁，干后暗褐色。叶革质，椭圆形或长椭圆形。花 3 朵排成聚伞花序，再组成顶生圆锥花序状的聚伞花序，此花序长 2~4 cm，花梗极短；花萼筒短小，漏斗形，花萼齿不明显；花瓣小，合生成帽盖状，白色；雄蕊短。浆果球形。可作园林绿化及固堤防风树种。

分布 只见于九澳角样地。路环九澳蝙蝠洞、石面盆古道有分布。生于疏林中。分布于中国华南、东南及西南地区。中南半岛、马来西亚、印度尼西亚也有。

物候 《中国植物志》《澳门植物志》中记载花期 3~4 月，果期 5~6 月。澳门植物物候监测中发现，广东蒲桃 1~2 月始展叶，3~5 月、7~10 月为展叶盛期；第 1 次花期 12 月至翌年 5 月，果期 3~4 月，4 月成熟，熟果紫黑色，本次结的果通常没有种子；第 2 次花期 5~6 月，6 月为盛花期，6~11 月为果期，果熟期 8~10 月，熟果红色至黑色，10~11 月有落果。

展叶始期

展叶盛期

芽开放期

花蕾出现期

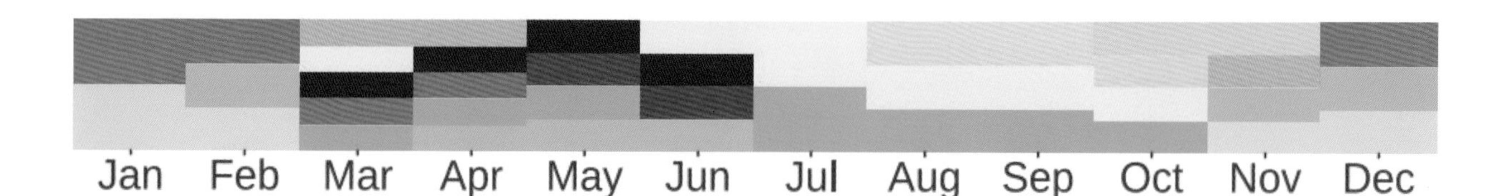

开花始期

开花末期

幼果期

开花盛期

果期

果实成熟期

山蒲桃

别名：白车
英名：**Levine's Syzygium**
葡名：**Sizígio do Levine**

Syzygium levinei (Merr.) Merr., J. Arn. Arb. 19: 110. 1938. 澳门植物志 2: 81, 2006

展叶始期

特征 乔木，高达 14 m；嫩枝圆形，有糠秕。叶革质，长圆形或卵状椭圆形。花排成圆锥花序状的聚伞花序，花序长 4~7 cm，花序轴有糠秕或乳突，花梗极短；花萼筒短小，漏斗形，花萼齿小；花瓣 4，小，白色；雄蕊短。浆果，近球形，直径 7~8 mm；种子 1 枚。作材用树种。

分布 松山样地有少量。松山市政公园、螺丝山公园有分布。生于林中。分布于广东、广西。越南。

物候 《中国植物志》《海南植物志》《广州植物志》《澳门植物志》中记载花期 7~9 月。澳门植物物候监测中发现，山蒲桃全年几乎均有展叶，主要集中在 1~3 月始展叶，3~7 月展叶盛；6 月始花，7~9 月为盛花至落花期，8 月至翌年 1 月为幼果期，2~3 月为果熟期，3~4 月落果期。

展叶盛期

芽开放期

花蕾出现期

Jan Feb Mar Apr May Jun Jul Aug Sep Oct Nov Dec

开花始期

开花末期

果期

开花盛期

果实成熟期

多花野牡丹

英名：**Many Flower Melastoma**

葡名：**Falsa Murta Florífera**

Melastoma affine D. Don, Mem. Wern. Nat. Hist. Soc. 4: 288. 1823. 澳门植物志 2: 86, 2006

特征 灌木，高约 1 m，分枝多；茎、枝、叶面、花萼筒背面密被紧贴的鳞片状糙伏毛。叶厚纸质，披针形、卵状披针形或近椭圆形。花 10 朵以上，排成顶生、伞房状或近头状花序状的聚伞花序，基部具叶状总苞片 2 片；花梗短；萼裂片宽披针形，萼裂片被鳞片状糙伏毛及短柔毛；花瓣倒卵形，上部具缘毛；长雄蕊的药隔基部伸长，末端弯曲。蒴果近球形，密被鳞片状糙伏毛。花大色艳，可作观赏。

分布 大潭山和九澳角样地有少量。路环龙爪角黑沙海湾、路环石排湾后山有分布。生于山坡次生林下或疏林中。分布于中国广东、海南、台湾、云南及贵州等地。中南半岛各国、菲律宾、澳大利亚也有。

物候 《中国植物志》《中国高等植物图鉴》《海南植物志》《广州植物志》《澳门植物志》中记载花期 2~5 月；果期 8~12 月。澳门植物物候监测中发现，多花野牡丹 12 月至翌年 1 月见顶芽，2~9 月为展叶期，9~11 月为展叶盛期；6~9 月为花期，6 月始花，7 月为盛花期；7~9 月为幼果期，10 月果熟期，果熟时裂开露出种子，11 月落果。

展叶始期

展叶盛期

芽开放期

开花始期

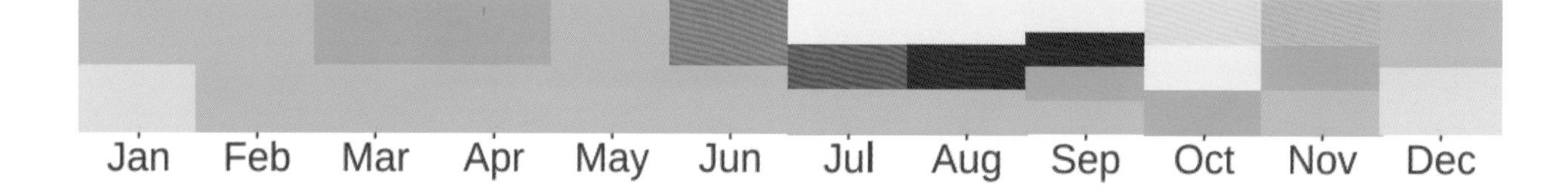

开花盛期

果期

青江藤

英名：Chinese Bitter-sweet
葡名：Celastro da China

Celastrus hindsii Benth., Hooker's J. Bot. Kew Gard. Misc. 3: 334. 1851. 澳门植物志 2: 97, 2006

特征 常绿藤本；小枝紫色。叶纸质或革质，狭椭圆形至椭圆倒披针形，边缘具疏锯齿。顶生聚伞圆锥花序，长 5~14 cm，腋生花序具 1~3 朵花。花淡绿色，花萼裂片近半圆形，花瓣长方形，花盘杯状，浅裂，裂片三角形。果实近球状，幼果顶端具明显的宿存花柱；种子 1 粒，椭圆状至近球形，假种皮橙红色。

分布 4 个样地均有。望厦山市政公园、松山市政公园、路环有分布。生于林中。分布于中国广东、广西、海南、江西、福建、湖南、湖北、云南、四川、贵州、西藏。南亚至东南亚也有。

物候《中国植物志》《海南植物志》《广州植物志》《澳门植物志》中记载花期 5~7 月；果期 7~10 月。澳门植物物候监测中发现，青江藤全年均有新叶生长，1~2 月为始展叶，3~4 月、9~12 月为主要展叶盛期；3~4 月为花期；3 月至翌年 2 月为果期，7~10 月为盛果期，12 月至翌年 2 月果熟至落果期，果裂开露出红色的种子。

展叶始期

展叶盛期

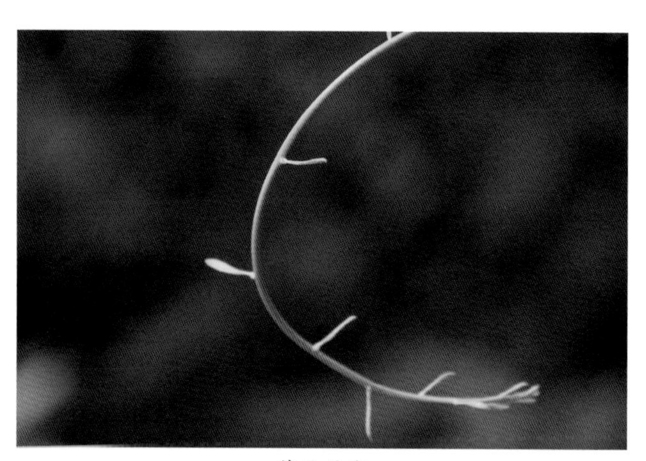

芽开放期

花蕾出现期

Jan Feb Mar Apr May Jun Jul Aug Sep Oct Nov Dec

开花始期

幼果期

果实成熟期

果实脱落期

果实脱落期

中华卫矛

英名：**Spindle-Tree**
葡名：**Evónimo da China**

Euonymus nitidus Benth., London J. Bot. 1: 483. 1842. 澳门植物志 2: 98, 2006

展叶盛期

特征 常绿灌木或小乔木。叶革质，倒卵形至长方披针形，顶端尾尖长，近全缘。聚伞花序具1~3次分枝，3~15朵花，花白色或黄绿色，4数，直径5~8 mm，花瓣基部具短爪，花盘较小。蒴果三角状卵圆形，长0.8~14 cm，直径0.8~1.7 cm；种子椭球状，棕红色，假种皮橙黄色，全包种子。

分布 只见于大潭山样地。松山市政公园、路环、贾德士公园有分布。生于疏林中。分布于广东、广西、江西、福建。

物候 《中国植物志》《广州植物志》《澳门植物志》中记载花期3~5月；果期6~10月。澳门植物物候监测中发现，中华卫矛1~3月为展叶始期，3~7月为展叶盛期；3~6月为花期，4~5月为盛花期；果期5月至翌年的2月，11月至翌年的2月为果熟期，果熟时黄色，常裂开。翌年1~2月为落果期。

花蕾出现期

展叶始期

开花始期

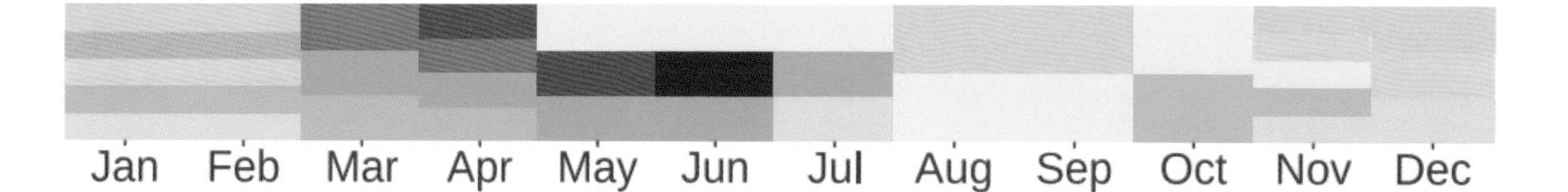

开花盛期

幼果期

果期

果实成熟期

梅叶冬青

别名：秤星树
英名：**Rough-leaved Holly**
葡名：**Azevinho de Folhas Ásperas**

Ilex asprella Champ. ex Benth., Hooker's J. Bot. Kew Gard. Misc. 4: 329. 1852. 澳门植物志 2: 99, 2006

特征 落叶灌木，枝条具浅色皮孔。叶在长枝上互生，卵形或椭圆形，边缘具锯齿，叶面被微柔毛。雄花 2~3 朵或单生于叶腋或鳞片内；花冠白色，花瓣 4~5 枚，近圆形，基部合生；雌花单生于叶腋或鳞片内，花 4~6 基数，花瓣近圆形，基部合生。果球形，成熟时黑色，具纵向沟槽，柱头宿存；分核 4~6 枚，倒卵形，长约 5 mm。

分布 4 个样地均有，大潭山样地较多。松山市政公园、氹仔、路环有分布。生于疏林中或灌丛中。分布于广东、广西、海南、香港、江西、福建、台湾、浙江、湖南。菲律宾。

物候 《中国植物志》《广东植物志》《澳门植物志》中记载花期 3 月；果期 10 月。澳门植物物候监测中发现，梅叶冬青 3 月萌芽，4~5 月为展叶始期，4~12 月为展叶盛期，10 月至翌年 2 月叶色逐渐变黄并落叶，1~3 月多数无叶期。3~6 月为花期，4~5 月为幼果期，6 月果熟期，成熟的果为黑色，7~8 月为落果期。

展叶盛期

开花始期

展叶始期

开花盛期

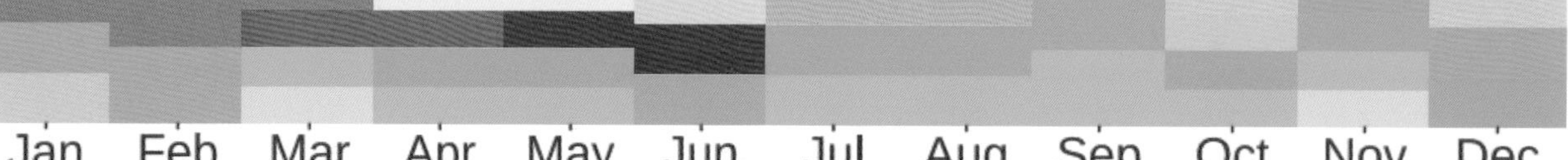

开花末期

幼果期

果实成熟期

秋季叶变色期

石栗

英名：Candlenut Tree

葡名：Castanheiro da Índia

Aleurites moluccanus (L.) Willd., Sp. Pl., ed. 4 [Willdenow] 4(1): 590. 1805. 澳门植物志 2: 108, 2006

特征 常绿乔木，高达 20 m，嫩枝密被星状短柔毛。叶倒卵形或近菱形，全缘或 3~5 浅裂；叶柄顶端有 2 枚腺体。花雌雄同株，聚伞圆锥花序顶生，长 7~15 cm，密被星状短柔毛；雄花：花萼常 2 深裂；雌花：子房密被毛，每室具 1 颗胚珠，花柱 2 裂。核果近圆球形，有种子 1~2 颗；种子扁球形，种皮具疣状突棱。常作行道树、风景树。

分布 只见于松山样地。见于何贤公园、卢廉若公园、白鸽巢公园、二龙喉公园、松山市政公园、螺丝山公园、纪念孙中山市政公园、贾梅士花园、氹仔大潭山郊野公园、路环石排湾有栽植。分布于中国广东、香港、广西、海南、福建、台湾、云南。现世界热带地区常见栽培。

物候 《中国植物志》《广东植物志》《广州植物志》《澳门植物志》中未记载石栗的物候期。澳门植物物候监测中发现，石栗 10 月至翌年 3 月现顶芽，3 月始展叶，4~11 月为展叶盛期，2~4 月有叶片变黄并有落叶现象。3~4 月始花，5 月盛花，有些年份 10~11 月再次开花；边开花边结果，5~9 月为果期，并逐渐成熟，9 月落果期。

展叶始期

展叶盛期

芽开放期

开花盛期

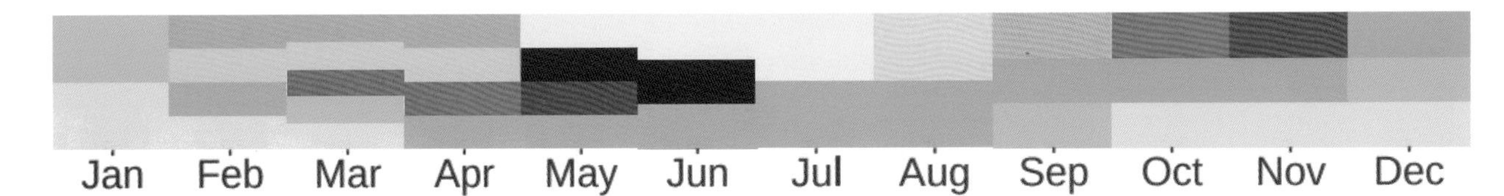

幼果期

果期

银柴

英名：**Aporusa**
葡名：**Aporusa**

Aporosa dioica Müell. Arg., Prodr. 15 (2): 472. 1866.
澳门植物志 2: 110, 2006

特征 乔木，高达 9 m，幼枝疏被粗毛。叶互生，阔卵形或长圆形，全缘或具疏齿。雌雄异株；雄花序穗状，长 1~2 cm；密生苞片，苞腋具雄花数朵；雄花：萼片 3~6 枚，倒卵形；雌花：萼片 4~5 枚；子房 2 室，被茸毛，每室 2 颗胚珠。蒴果椭圆形，长约 10 mm，顶端急尖，密生茸毛，具种子 1~2 颗。

分布 4 个样地均有少量。白鸽巢公园、松山市政公园、螺丝山公园、纪念孙中山市政公园、路环、氹仔大潭山、小潭山有分布。生于林中。分布于广东、广西、海南、云南。印度、缅甸、马来西亚、越南。

物候 《中国植物志》《广东植物志》《海南植物志》《澳门植物志》中记载花果期几全年。澳门植物物候监测中发现，银柴几乎全年都有顶芽出现，主要集中在 12 月至翌年 1 月，4~6 月为展叶期，7~11 月为展叶盛期；3~4 月开花，花期短；4~7 月为果期，并逐渐成熟，6~7 月为果熟期，成熟果皮裂开，露出橙色的种子，掉落较集中。

展叶盛期

花蕾出现期

展叶始期

开花盛期

开花末期

果期

果实成熟期

果实脱落期

黑面神

英名：**Waxy Leaf**
葡名：**Folha de Cera**

Breynia fruticosa (L.) Hook. f., Fl. Brit. Ind. 5(14): 331. 1887. 澳门植物志 2: 112, 2006

特征 灌木，高 0.5~3 m；全株无毛，枝、叶绿色。叶阔卵形或菱状卵形，革质。花 2~4 朵簇生，雄花生于小枝基部，花萼倒圆锥状，长 2 mm；雌花生于小枝上部，花萼盘状，直径 4 mm，花后增大；子房球形。果球形，绿色，直径 6~7 mm，具杯状宿萼。种子具红色种皮。

分布 4 个样地均有。望厦山公园、氹仔小潭山、路环有分布。生于灌丛中。分布于中国广东、广西、福建、浙江、湖南、云南、贵州、四川。越南也有。

物候 《中国植物志》《广东植物志》《海南植物志》《澳门植物志》中记载黑面神花期 4~9 月；果期 5~10 月。澳门植物物候监测中发现，黑面神 12 月现顶芽，1~2 月始展叶，3~11 月一直有展叶，12 月至翌年 2 月有落叶；3 月始花，4~10 月均有开花，4~9 月盛花；边开花边结果，6~7 月、10~11 月多为幼果期，8~9 月、12 月至翌年 1 月多为果熟期，成熟果裂开露出红色种子，并有落果。

展叶始期

展叶盛期

芽开放期

花蕾出现期

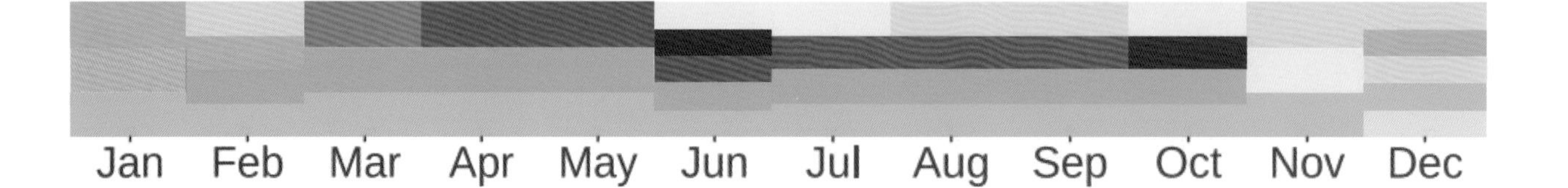

开花始期

开花盛期

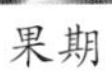

果期

果实脱落期

土蜜树

英名：Pop-gun Seed
葡名：Bridélia

Bridelia tomentosa Bl., Bijdr. Fl. Ned. lnd. 12: 597. 1825. 澳门植物志 2: 113, 2006

特征 灌木或小乔木，高 3~5 m，稀更高；叶长圆形、长椭圆形或倒卵状长圆形。花簇生于叶腋；雄花的萼片三角形；花瓣倒卵形；雌花的萼片三角形；花瓣倒卵形或匙形，顶端具齿；花盘坛状，包围子房；子房卵圆形，花柱 2 深裂。果球形，直径 4~7 mm。良好的观果植物。

分布 只见于松山样地。白鸽巢公园、二龙喉公园、松山市政公园、望厦山市政公园、纪念孙中山市政公园、氹仔大潭山、小潭山、路环等地有分布。生于林缘。分布于中国广东、广西、海南、福建、台湾、贵州、云南。亚洲东南部经印度尼西亚至澳大利亚都有分布。

物候 《中国植物志》《广东植物志》《海南植物志》《澳门植物志》中记载土蜜树花果期几全年。澳门植物物候监测中发现，土蜜树 12 月至翌年 1 月现顶芽，2~3 月展叶始期，4~8 月为展叶盛期，10 月至翌年 5 月有黄叶、落叶现象；花期 4~11 月，其中 5~6 月、10~11 月为盛花期；边开花边结果，果期 10 月至翌年 2 月，果熟期 12 月至翌年 2 月。

展叶盛期

花蕾出现期

展叶始期

开花始期

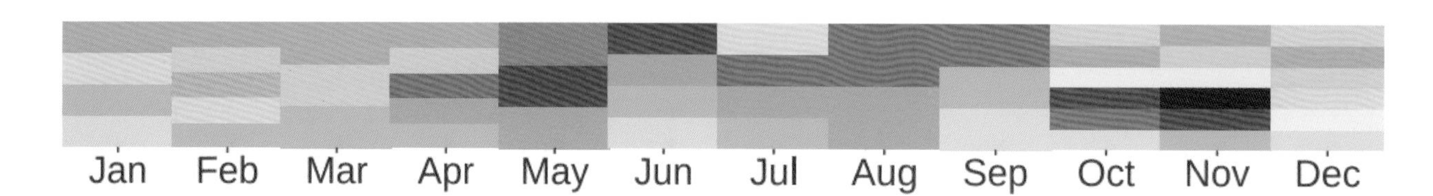

开花盛期

开花末期

幼果期

果实成熟期

秋季叶变色期

落叶期

白桐树

别名：丢了棒
英名：**Claoxylon**
葡名：**Claoxílo**

Claoxylon indicum (Reinw. ex Bl.) Hassk., Cat. Hort. Bogor. (Hasskarl) 235. 1844. 澳门植物志 2: 114, 2006

特征 小乔木，高达 13 m；嫩枝被灰色短柔毛，散生皮孔。叶互生，卵形或卵圆形，两面被疏毛，边缘具波状齿或锯齿；叶柄长 5~15 cm，顶端具 2 枚腺体；托叶小，早落。雌雄异株；花序被毛；雄花序长 10~32 cm，雄花 3~7 朵生于苞腋；雌花序长 5~20 cm，雌花单朵生于苞腋，花盘波状或 3 浅裂。蒴果具 3 分果爿，脊线凸起，直径约 8 mm，被灰色短茸毛；种子近球形，外种皮红色。

分布 松山样地有少量。松山市政公园、白鸽巢公园有分布。生于山谷、疏林中。分布于中国广东、广西、海南、福建、台湾、云南、贵州。亚洲热带地区也有。

物候 《中国植物志》《广东植物志》《广州植物志》《澳门植物志》中记载白桐树花果期 3~12 月。澳门植物物候监测中发现，白桐树几乎全年处于展叶期。花期 2~12 月持续有开花，4~6 月盛花期；边开花边结果，果熟期 6~12 月。12 月以及 3 月有少量黄叶并落叶。

展叶始期

展叶盛期

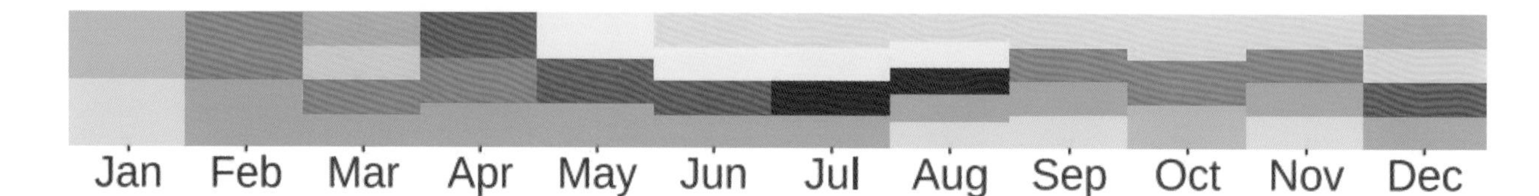

花蕾出现期

开花盛期

开花始期

开花末期

果期

毛果算盘子

别名：漆大姑
英名：**Hairy-fruited Abacus Plant**
葡名：**Glochídio Peloso**

Glochidion eriocarpum Champ. ex Benth., Hooker's Journ. Bot. et Kew Gard. Misc. 6: 6. 1854. 澳门植物志 2: 128, 2006

特征 灌木，高 0.5~3 m；小枝被淡黄色长柔毛。叶卵形或长卵形。花 2~4 朵簇生；雌花生于小枝的上部叶腋，花梗短，萼片长圆形；子房 4~5 室，具柔毛，花柱圆柱状，顶部 4~5 裂。雄花的花梗长 4~7 mm；萼片长，外面具毛；花药 3，药隔突出，花丝几无。果扁球形，直径 1 cm，具 4~5 条纵沟，果皮具柔毛。

分布 只见于黑沙水库华润楠样地。松山市政公园、氹仔、路环有分布。生于低山山坡或山谷疏灌木林中，较常见。分布于中国广东、广西、福建、台湾、湖南、云南、贵州。越南、泰国也有。

物候 《中国植物志》《广东植物志》《海南植物志》《澳门植物志》中记载毛果算盘子花期全年。澳门植物物候监测中发现，毛果算盘子几乎全年都有展叶，主要集中在 3~5 月。边开花边结果，花、果期全年陆续有出现，花期主要集中在 4~5 月以及 8~10 月，11 月至翌年 3 月果熟至落果。

展叶始期

展叶盛期

花蕾出现期

开花盛期

幼果期

果实脱落期

血桐

英名：Elephant's Ear
葡名：Orelha de Elefante

Macaranga tanarius (L.) Müell. Arg., Prodr. [A. P. de Candolle] 15(2.2): 997. 1866. 澳门植物志 2: 135, 2006

特征 小乔木，高 5~10 m；嫩枝、嫩叶、托叶均被黄褐色柔毛；小枝被白霜。叶纸质，近圆形或卵圆形，长达 30 cm，宽达 24 cm，全缘或具波状小齿；叶柄盾状着生，长 14~30 cm。雄花序圆锥状；苞片卵圆形，边缘流苏状；雄花：常 11 朵簇生于苞腋；雌花：1~3 朵生于苞腋；花萼 2~3 裂。蒴果具 2~3 分果爿，密生颗粒状腺体，具数条长软刺。本种是原生速生树种，非常适宜澳门低海拔地区造林绿化。

分布 只见于九澳角样地。松山市政公园、路环石排湾郊野公园、氹仔大潭山、小潭山有分布。生于低海拔的山谷疏林。分布于中国广东、台湾。日本、越南、泰国、缅甸、马来西亚、印度尼西亚以及澳大利亚也有。

物候 《中国植物志》《广东植物志》《澳门植物志》中记载血桐花期 4~5 月；果期 6~7 月。澳门植物物候监测中发现血桐几乎全年展叶期。花期 4~5 月，4 月盛花期；果期 5~6 月，6 月果熟，外果皮裂开干枯先掉落，黑色种子留存在枝端。3~4 月及 11 月有少量黄叶落叶，12 月有全落叶植株。

展叶盛期

花蕾出现期

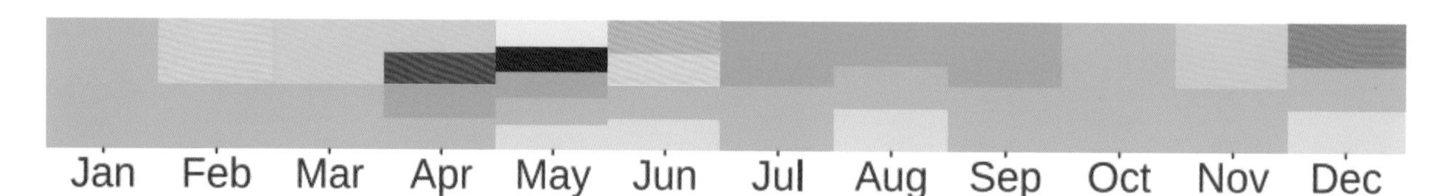

落花期

开花盛期

果期

果实脱落期

白楸

英名：Panicled Mallotus

葡名：Maloto Panicular

Mallotus paniculatus (Lam.) Müell. Arg., Linnaea 34(2): 189. 1865. 澳门植物志 2: 137, 2006

特征 乔木，高 5~15 m，枝和花序均密生锈色星状柔毛。叶互生，生于花序下的密集，卵形、卵状三角形或菱形，边近全缘或波状，上部有时具 2 裂片或粗齿；叶柄稍盾状着生，长 2~15 cm。花雌雄异株；雄花序穗状，长 10~20 cm；雄花 2~6 朵生于苞腋，花萼裂片 4~5 枚，长卵形。果扁球形，具三棱，直径 10~15 mm，密生褐色茸毛和皮刺。

分布 4 个样地均有。松山市政公园、路环、氹仔大潭山、小潭山有分布。生于林缘、疏林中。分布于中国广东、香港、广西、海南、福建、台湾、云南及贵州。越南和日本也有分布。

物候 《中国植物志》《广东植物志》《澳门植物志》中记载白楸花期 7~10 月；果期 11~12 月。澳门植物物候监测中发现，白楸一年四季均有叶的生长，并有虫害，大部分叶片均有虫洞。主要集中在 11 月至翌年 2 月现顶芽，2~3 月展叶期，4~7 月为展叶盛期，12 月至翌年 3 月有叶片变黄并落叶；花期 7~11 月，8~9 月盛花期；果期 10 月至翌年 2 月，11~12 月为果熟期，翌年 1~2 月有落果，果裂开露出黑色的种子，通常种子先落，果壳仍挂在树上。

展叶盛期

展叶始期

花蕾出现期

Jan Feb Mar Apr May Jun Jul Aug Sep Oct Nov Dec

开花盛期

开花末期

幼果期

果实成熟期

果实脱落期

越南叶下珠

英名：Vietnam Leaf-flower

葡名：Filanto de Vietname

Phyllanthus cochinchinensis Spreng., Syst. Veg., ed.16 [Sprengel] 3: 21. 1826. 澳门植物志 2: 140, 2006

特征 灌木，高 0.5~2 m；小枝细长，红褐色。叶革质，椭圆形或近卵形，在小枝上排成二列或在短枝上密生。雌雄异株；雄花常单生叶腋；萼片 6 枚，卵形，浅绿色；腺体 6 枚；雌花 1~2 朵腋生；萼片 6 枚，卵圆形。蒴果球形，直径约 5 mm。观赏。

分布 只见于黑沙水库样地。松山市政公园、氹仔大潭山、小潭山、路环有分布，生于灌丛或疏林中。分布于广东、海南、广西、福建、云南、四川、西藏。印度、越南、柬埔寨、老挝也有。

物候 《中国植物志》《广东植物志》《海南植物志》《澳门植物志》中记载越南叶下珠花期 5~10 月；果期 7~12 月。澳门植物物候监测中发现，越南叶下珠 3~6 月展叶期。5~9 月花期，6~9 月为盛花期；果期 9~10 月。1~2 月有少量黄叶。

展叶盛期

花蕾出现期

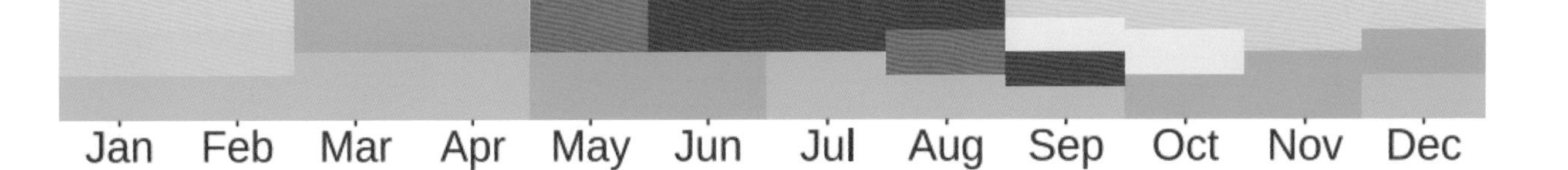

开花始期

幼果期

开花盛期

开花末期

果实成熟期

小果叶下珠

别名：烂头钵、龙眼睛
英名：**Reticulate Leaf-flower**
葡名：**Filanto de Frutos Pequenos**

Phyllanthus reticulatus Poir., Encycl. [J. Lamarck & al.] 5: 298. 1804. 澳门植物志 2: 142, 2006

特征 灌木，高 1~4 m；幼枝、叶和花梗被淡黄色短柔毛或微毛。叶椭圆形、卵形或圆形；托叶钻状三角形。花 3~11 朵簇生于叶腋，其中 1 朵雌花，其余为雄花，稀组成聚伞花序。雄花：花梗纤细；萼片 5~6 枚，卵形或倒卵形，全缘；萼片 5~6 枚，不等大，阔卵形。蒴果呈浆果状，近球形，成熟时红色。

分布 只见于松山样地。路环石面盆古道、路环九澳有分布。生于旷野草地或灌丛中。观赏。分布于中国广东、广西、海南、江西、福建、台湾、湖南、贵州、云南、四川。西非热带地区至印度、斯里兰卡、中南半岛、印度尼西亚、菲律宾、马来西亚、澳大利亚。

物候 《中国植物志》《广东植物志》《海南植物志》《澳门植物志》中记载小果叶下珠花期 3~6 月；果期 6~10 月。澳门植物物候监测中发现，小果叶下珠 1~3 月展叶期，3~4 月、8~9 月展叶盛期，边开花边结果，花果期 1~4 月，果熟期 2~3 月，成熟的果由红色变黑色。

花蕾出现期

展叶盛期

花蕾出现期和果实成熟期

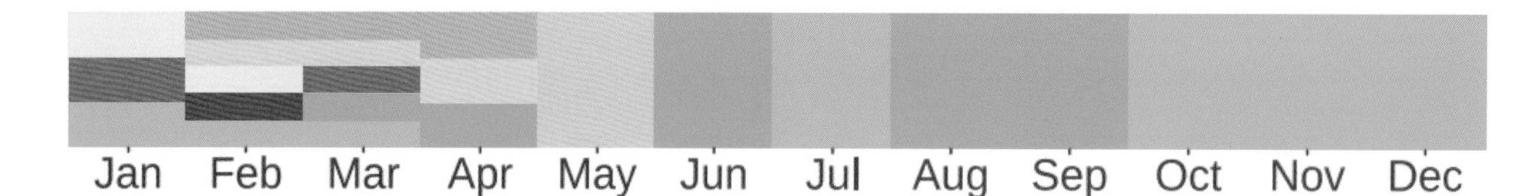

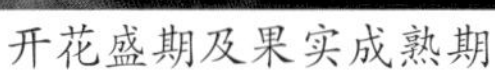

开花盛期及果实成熟期

幼果期

果实成熟期

果实脱落期

山乌桕

别名：红心乌桕
英名：**Mountain Tallowtree**
葡名：**Árvore-de-sêbo Montanhosa**

Triadica cochinchinensis Lour., F1. Cochinch. 2: 610. 1790. 澳门植物志 2: 144, 2006

特征 乔木，高达 10 m。叶纸质，椭圆状卵形；叶柄细长，顶端具 2 枚腺体。穗状花序，顶生；雄花 5~7 朵簇生于苞腋，苞片卵形，基部具腺体；花萼杯状，具齿裂；雌花 3~4 朵生于花序基部，有时花序无雌花。蒴果球形，直径 1.2 cm，浅 3 圆棱。种子近球形，长 5 mm，具蜡层。本种的嫩叶略带红色；速生树种，蜜源植物，是值得推广的改造针叶林的先锋树种。

分布 4 个样地均有，松山、大潭山、黑沙水库样地群落的高层，为样地的骨干树种。松山市政公园、路环石排湾后山有分布。生于低山疏林中或山顶灌木林。分布于中国长江以南地区。越南、老挝、泰国、马来西亚也有。

物候《中国植物志》《广东植物志》《海南植物志》《澳门植物志》中记载山乌桕花期4~6月；果期7~10月。澳门植物物候监测中发现，山乌桕是落叶树种，四季物候非常明显。2~3 月现顶芽，3~4 月始展叶，4~8 月为展叶盛期，新叶红色，10月至翌年2月叶色变黄至红，12 月至翌年 1 月为红叶期，并逐渐落叶，2~3 月常为无叶期。4~6 月为花期，有些年份 10~11 月有 2 次开花现象；边开花边结果，7~10 月为果熟期，果熟时黑色，11 月至翌年 1 月落果。

展叶盛期

开花盛期

展叶始期

幼果期

果实成熟期

秋季叶变色期

无叶期

乌桕

英名：**Chinese Tallowtree**

葡名：**Árvore-de-sêbo**

Triadica sebifera (L.) Small, Florida Trees 59, 102. 1913. 澳门植物志 2: 145, 2006

特征 落叶乔木，高达 20 m。叶纸质，菱形至菱状卵形；叶柄细长，顶端具 2 枚腺体。穗状花序，顶生，长 5~10 cm；雄花约 10 朵簇生于苞腋，苞片菱状卵形，花萼杯状，小，3 浅裂；雌花生于花序基部，通常 5~6 朵，花萼 3 深裂。蒴果梨状球形，直径 1.5 cm，浅 3 圆棱。种子近球形，长 8~10 mm，具蜡层。观赏。

分布 仅见于大潭山样地，1 株高大的上层树种。松山市政公园、卢廉若公园、白鸽巢公园、二龙喉公园、螺丝山公园、纪念孙中山市政公园、路环园林绿化部苗圃、氹仔、海角游云花园有分布。生于低海拔地区疏林、河边、村旁或路边。分布于中国秦岭以南地区。日本、越南、印度、欧洲以及美洲也有。

物候 《中国植物志》《广东植物志》《海南植物志》《澳门植物志》中记载乌桕花期 4~8 月；果期 8~11 月。澳门植物物候监测中发现，乌桕是落叶树种，四季物候非常明显。3 月现顶芽，当月始展叶，细嫩新叶常为红色，4~6 月为展叶盛期，7~12 月叶色逐渐由黄变至红色，并逐渐落叶，翌年 1 月为半落叶期，2 月为无叶期。4 月始花，5 月盛花，6 月落花，边开花边结果，6 月始有幼果，8~10 月为果熟期，9~10 月落果期，果熟时果壳 3 纵裂，种子先掉落，果壳后落。

展叶盛期

展叶盛期及果期

展叶始期

开花盛期

开花末期

果实脱落期

果期

无叶期

秋季叶变色期

异叶地锦

别名：异叶爬山虎
英名：**Diverse-leaved Creeper**
葡名：**Parthenociso Diversifolho**

Parthenocissus dalzielii Gagnep., Not. Syst. (Paris) 2: 11. 1911. 澳门植物志 2: 155, 2006

特征 木质藤本；小枝圆柱形。卷须总状5~8分枝，遇到附着物扩大呈吸盘状。两型叶，叶为单叶者叶片卵圆形，边缘有4~5个细牙齿，3小叶者，中央小叶长椭圆形，边缘在中部以上有3~8个细牙齿；花序假顶生于短枝顶端，形成多歧聚伞花序，长3~12 cm；花萼碟形，边缘呈波状或近全缘；花瓣5。果实近球形，直径0.8~1 cm，成熟时黑色，有种子1~4颗。垂直绿化植物。

分布 松山样地较多，攀爬于树干或石头上。氹仔、路环路边岩壁或墙壁常作垂直绿化栽培。生山崖陡壁、山坡或山谷中。分布于广东、广西、台湾、福建、浙江、江西、安徽、湖南、湖北、贵州、云南、四川。

物候 《中国植物志》《中国高等植物图鉴》《海南植物志》《澳门植物志》中记载异叶地锦花期5~7月；果期7~11月。澳门植物物候监测中发现，异叶地锦3~12月均有展叶现象，3~4月为主要展叶盛期，嫩叶常为红色，10月至1月老叶叶色变红至落叶。1~2月落叶至无叶期。花期4~6月，有些年份10月有第2次开花现象；果期4~9月，9月果熟期。

展叶盛期

花蕾出现期

展叶始期

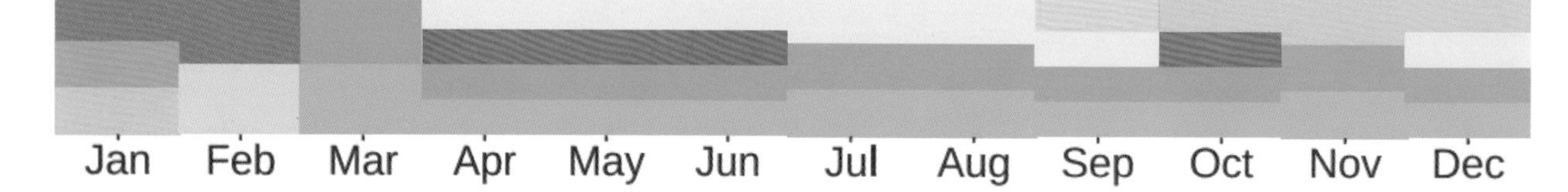

果实成熟期

秋季叶变色期

小果葡萄

英名：**Little-fruited Grape**
葡名：**Vinha de Frutos Peqnenos**

Vitis balansana Planch., Phan. [A. DC. & C. DC.] 5(2): 612. 1887. 澳门植物志 2: 156, 2006

特征 木质藤本；小枝圆柱形，具纵棱。卷须2叉分枝。叶心状卵圆形或阔卵形，边缘每侧有细牙齿16~22个，微呈波状；叶柄长2~5 cm。圆锥花序与叶对生，长4~13 cm；花瓣5，呈帽状黏合脱落。观赏。

分布 只见于松山样地。松山市政公园、氹仔小潭山、路环有分布。攀缘于沟谷阳处乔灌木上。分布于中国广东、广西、海南。越南、泰国也有。

物候《中国植物志》《广州植物志》《海南植物志》《澳门植物志》中记载小果葡萄花期2~8月；果期6~11月。澳门植物物候监测中发现，小果葡萄3~5月、9~10月展叶盛期，嫩叶常为红色；9月至翌年2月，叶片变黄色，并逐渐落叶，有些全落叶。花期3~11月；果少见，仅在10月观察到有落果。

展叶盛期

展叶始期

花蕾出现期

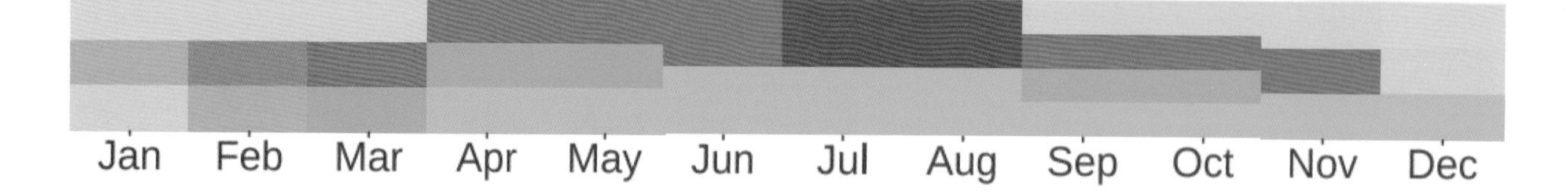

展叶盛期及花蕾出现期

开花始期

开花盛期

开花末期

龙眼

英名：Longan
葡名：Longane

Dimocarpus longan Lour., Fl. Cochinch. 1: 233. 1790.
澳门植物志 2: 159, 2006

特征 常绿乔木，高达 10 m；小枝粗壮，被微柔毛，散生苍白色皮孔。复叶连柄长 15~30 cm；小叶 4~5 对，薄革质，长圆状椭圆形至长圆状披针形，长 6~15 cm，宽 2.5~5 cm。花序大型，多分枝，顶生和近枝顶腋生；萼片近革质，覆瓦状排列；花瓣乳白色。果近球形，黄褐色或灰黄色，外面稍粗糙。果为著名热带水果。

分布 主要见于松山样地。卢廉若公园、白鸽巢公园、南湾花园、松山市政公园、纪念孙中山市政公园有栽培或逸为野生。分布于中国广东、广西、海南、福建、云南。亚洲东南部也有。

物候 《中国植物志》《中国高等植物图鉴》《海南植物志》《云南植物志》《澳门植物志》中记载龙眼花期春夏间，果期秋季。澳门植物物候监测中发现，1~10 月均有新叶，龙眼 1~3 月、6~8 月展叶盛期，分别为春梢和秋梢，嫩叶常为赤红色。花期 4 月，果期 5~8 月，果熟期 7~8 月。12 月至翌年 2 月有黄叶。

展叶始期

展叶盛期

Jan Feb Mar Apr May Jun Jul Aug Sep Oct Nov Dec

开花盛期

幼果期

果实成熟期

盐麸木

英名：Sumac
葡名：Árvore do Sal

Rhus chinensis Mill., Gard. Dict. ed. 8, n. 7. 1768. 澳门植物志 2: 168, 2006

特征 灌木或小乔木。小枝棕褐色，被锈色柔毛，具圆形小皮孔。奇数羽状复叶，小叶 3~6 对，叶轴具宽的叶状翅，叶轴和叶柄被锈色柔毛；小叶多形，边缘具粗锯齿或圆齿，叶背粉绿色，被白粉。圆锥花序宽大，多分枝，雄花序长 30~40 cm，雌花序较短；花白色；花萼边缘具细睫毛。核果球形，略压扁，径 4~5 mm，被具节柔毛和腺毛，成熟时红色。

分布 只见于松山样地。松山市政公园、氹仔、路环有分布。生于灌丛或疏林中。分布于中国华南、华东、华中、西南地区。亚洲东南部至东部也有。

物候 《中国植物志》《中国高等植物图鉴》《云南植物志》《澳门植物志》中记载盐肤木花期夏末，果期秋季。澳门植物物候监测中发现，盐肤木 3~4 月展叶盛期。花期 6~11 月，9 月盛花期，果期 10~11 月，11 月果熟期，幼果通常为红色，果熟期表面有白色盐霜。12 月至翌年 1 月为无叶期。

展叶盛期

展叶始期

花蕾出现期

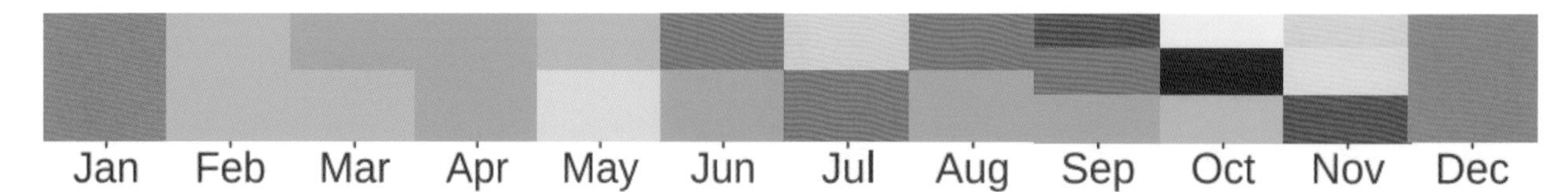

开花盛期

开花末期

幼果期

果实成熟期

野漆

英名：Field Lacquertree
葡名：Árvore-de-laca Falsa

Toxicodendron succedaneum (L.) Kuntze, Rev. Gen. Pl. 1: 154. 1891. 澳门植物志 2: 169, 2006

展叶盛期

特征 落叶小乔木。顶芽大，紫褐色。奇数羽状复叶互生，常集生小枝以顶端，有小叶 4~7 对，叶轴和叶柄圆柱形；叶柄长 6~9 cm；小叶对生或近对生，坚纸质至薄革质，长圆状椭圆形至卵状披针形，基部多少偏斜，叶背常具白粉。圆锥花序长 7~15 cm；花黄绿色。核果大，偏斜，压扁，外果皮薄，淡黄色，中果皮厚，蜡质，白色，果核坚硬，压扁。观赏。

分布 只见于松山样地有较高大的乔木。松山市政公园、氹仔、路环有分布。生于林中。分布于中国东部及西南部地区。印度、马来西亚和日本也有。

物候 《中国植物志》《中国高等植物图鉴》《云南植物志》《海南植物志》《广州植物志》《澳门植物志》中野漆的物候未有记载。澳门植物物候监测中发现，野漆 3~5 月展叶期，3~9 月为展叶盛期，8 月至翌年 2 月老叶叶色逐渐变红，叶色非常红艳，并渐落叶。花期 3~5 月，4 月盛花期；果期 4~9 月，8~9 月为果熟期，果熟时褐色至黑色，果皮皱缩。

花蕾出现期

展叶始期

开花盛期

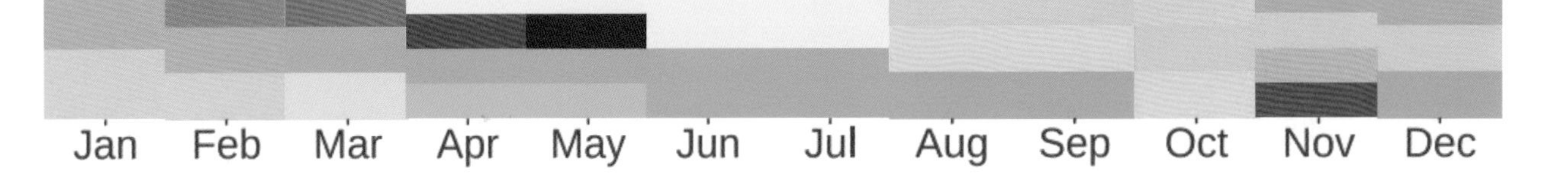

幼果期

果实成熟期

秋季叶变色期

鸦胆子

别名：苦参子
英名：Java Brucea
葡名：Brúcea Javanesa

Brucea javanica (L.) Merr., J. Arn. Arb. 9: 3. 1928. 澳门植物志 2: 170, 2006

特征 灌木或小乔木。叶柄和花序均被黄色柔毛。叶长 20~40 cm，有小叶 3~15；小叶卵形或卵状披针形，边缘有粗齿，两面均被柔毛。花组成圆锥花序，雄花序长 15~25 cm，雌花序长约为雄花序长的一半；花细小暗紫色，直径 1.5~2 mm。核果 1~4，分离，长卵形，长 6~8 mm，成熟时灰黑色，种仁黄白色，卵形，有薄膜。

分布 只见于九澳角样地。松山市政公园、氹仔小潭山、路环石面盆古道有分布。生于旷野或山麓灌丛或疏林中。分布于广东、广西、海南、台湾、福建、云南。亚洲东南部至大洋洲。

物候 《中国植物志》《中国高等植物图鉴》《云南植物志》《海南植物志》《广州植物志》《澳门植物志》中记载鸦胆子的花期夏季；果期 8~10 月。澳门植物物候监测中发现，鸦胆子 3~5 月展叶盛期。花期 4~9 月，5~6 月为开花盛期；果期 6~11 月，11 月果熟期。1~2 月有少量黄叶。

展叶始期

展叶盛期

开花盛期

幼果期

果实成熟期

秋季叶变色期

苦木

别名：苦树
英名：**Indian Quassia Wood**
葡名：**Quássia da Índia**

Picrasma quassioides Benn., Pl. Jav. Rar. (Bennett) 198. 1844. 澳门植物志 2: 171. 2006

特征 落叶乔木，高达10余米；树皮紫褐色，平滑，有灰色斑纹。叶互生，奇数羽状复叶，长15~30 cm；小叶9~15，卵状披针形或广卵形，边缘具不整齐的粗锯齿；落叶后留有明显的半圆形或圆形叶痕；花雌雄异株，组成腋生复聚伞花序，花序轴密被黄褐色微柔毛；萼片小，通常5，卵形或长卵形，外被黄褐色微柔毛；花瓣与萼片同数。核果熟蓝绿色。

分布 只见于大潭山样地。纪念孙中山市政公园有栽培。分布于中国黄河流域及其以南各地。印度北部、不丹、尼泊尔、朝鲜、日本也有。

物候 《中国植物志》《中国高等植物图鉴》《澳门植物志》中记载苦树花期4~5月；果期6~9月。澳门植物物候监测中发现，苦树2~5月展叶期，3~7月展叶盛期，嫩叶常为淡朱红色，8~12月叶色逐渐变黄，并渐渐落叶，11月至翌年2月有叶落光的现象。花期4~5月；果期4~6月。

开花末期

展叶始期

幼果期

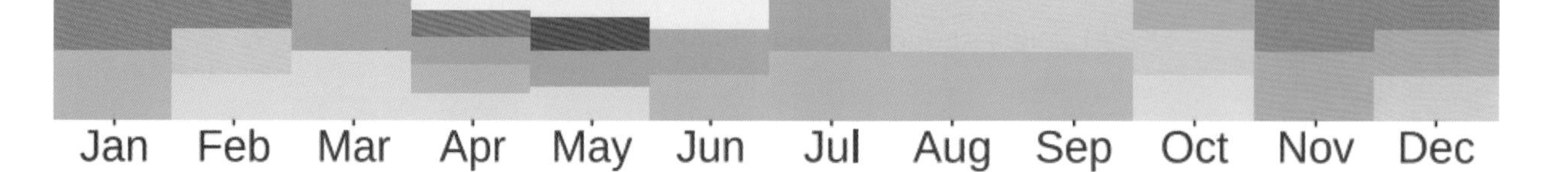

秋季叶变色期

落叶期

山油柑

别名：降真香
英名：Acronychia
葡名：Acroníchia

Acronychia pedunculata Miq., Fl. Ned Ind., Eerste Bijv. 3: 532. 1861. 澳门植物志 2: 176, 2006

特征 小乔木，高 5~15 m，树皮灰白色至灰黄色。叶互生，偶为不整齐对生，叶片椭圆形至长圆形，叶柄两端略增大。花两性，黄白色，萼片及花瓣均 4 片；花瓣狭长椭圆形。果圆球形，淡黄色，半透明，直径 1~1.5 cm，果皮富含水分，种子倒卵形。

分布 只见于黑沙水库华润楠样地。路环石排湾后山有分布。分布于中国广东、广西、海南、福建、台湾、云南。东南亚一带也有分布。

物候 《中国高等植物》《澳门植物志》中记载山油柑花期 4~8 月，果期 8~12 月。澳门植物物候监测中发现，山油柑 10 月至翌年 2 月现顶芽，3~6 月展叶盛期。花期 4~7 月，有些年份 11~12 月第 2 次开花；果期 7 月至翌年 1 月，12 月至翌年 1 月为成熟期，果熟时米黄色。

展叶始期

芽开放期

展叶盛期

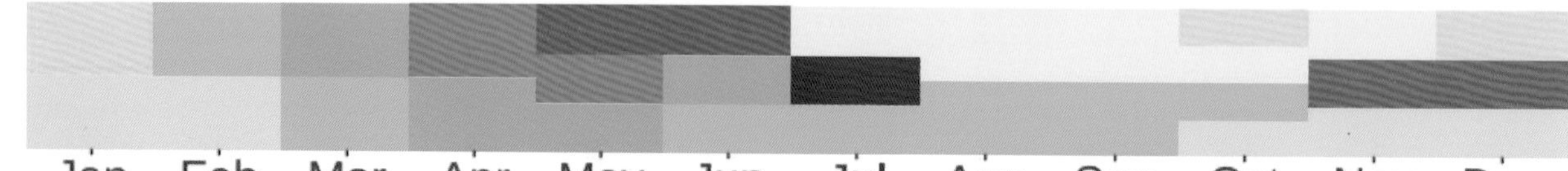

花蕾出现期

开花盛期

开花始期

开花末期及幼果期

果实成熟期

酒饼簕

英名：Box-leaved Atalantia

葡名：Atalántia Buxifoliácea

Atalantia buxifolia (Poir.) Oliv. in Journ. Linn. Soc. Bot. 5, Suppl. 2: 26. 1861. 澳门植物志 2: 185, 2006

特征 灌木，高 1~2.5 m，枝条繁密，嫩枝绿色，老枝灰褐色。叶硬革质，卵形或倒卵形，顶端圆钝并下凹。花簇生于叶腋，萼片 4，下部合生，花瓣 4 片，白色。浆果球形或近椭圆形，径 0.8~1.2 cm。花期 5~12 月；果期 9~12 月。

分布 见于九澳角和大潭山样地。望厦山市政公园、松山市政公园、路环黑沙龙爪角有分布。生于海边灌丛中。分布于广东、广西、海南、福建、台湾。

物候 《澳门植物志》中记载酒饼簕花期 5~12 月，果期 9~12 月。澳门植物物候监测中发现，酒饼簕 1~2 月现顶芽，3~5 月始展叶，5~11 月为展叶盛期，没有明显的叶色变化和落叶。花期 5~12 月，5 月始花，6 月盛花；边开花边结果，几乎全年均有结果，9 月至翌年 5 月均有果熟并落果，成熟果为黑色，表面光亮。

展叶始期

展叶盛期

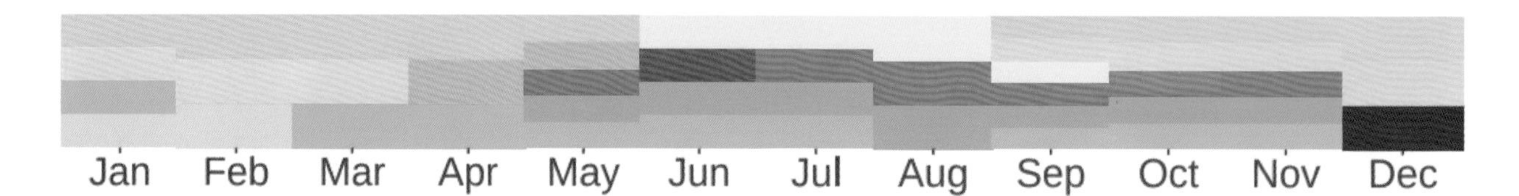

花蕾出现期

开花始期

开花盛期

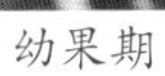

幼果期

果实成熟期

簕欓花椒

英名：Prickly Ash

葡名：Xantólio Comum

Zanthoxylum avicennae DC., Prodr. [A. P. de Candolle] 1: 726. 1824. 澳门植物志 2: 187, 2006

特征 落叶小乔木，高 3~10 m，树皮灰白色，树干密生锐刺，刺基部扁圆而增厚，形似鼓灯。奇数羽状复叶常聚生枝顶，小叶 11~21 片，斜卵形，全缘。花序顶生，花黄白色，花单性，花萼及花瓣均为 5 片。果淡紫红色，外果皮有多而大的优点。种子扁圆形，径 3.5~4.5 mm。

分布 4 个样地均有少量。松山市政公园、氹仔、路环有分布。生于次生林中或灌丛中。分布于广东、广西、海南、福建、台湾、云南。

物候 《中国植物志》《澳门植物志》中记载簕欓花椒花期 6~8 月，果期 10~12 月。澳门植物物候监测中发现，簕欓花椒一年四季均有展叶，主要集中于 2~9 月，11 月至翌年 2 月有少许黄叶并落叶。花期 8~11 月，果期 10 月至翌年 3 月，果熟期 12 月至翌年 3 月，成熟果为红色，裂开露出黑色的种子，先于果皮掉落。

展叶始期

展叶盛期

花蕾出现期

开花盛期

Jan Feb Mar Apr May Jun Jul Aug Sep Oct Nov Dec

开花末期　幼果期

果实成熟期　果实脱落期

两面针

英名：Needle on Both Sides

葡名：Xantólio de Folhas Brilhantes

Zanthoxylum nitidum (Roxb.) DC. Prodr., [A. P. de Candolle] 1: 727. 1824. 澳门植物志 2: 188, 2006

特征 木质攀缘藤本，茎、枝及叶轴均有弯钩锐刺。奇数羽状复叶互生，有小叶 5~11 片，小叶对生，硬革质，阔卵形或近圆形，长 3~12 cm，宽 1.5~6 cm，中脉两面均有锐刺，故称“两面针”。花序腋生，花单性，花淡黄绿色，萼片和花瓣均为 4 片。果红褐色，顶端有短芒尖。种子圆珠状，黑褐色。

分布 4 个样地均有，九澳角样地较多，且植株较大。氹仔、路环步行径有分布。生于平地至低丘陵坡地灌丛或草坡地，常与其他有刺植物共存。分布于中国广东、广西、海南、福建、台湾、贵州及云南。菲律宾、越南也有。

物候 《中国植物志》《澳门植物志》中记载两面针花期 3~4 月，果期 8~9 月。植物监测中发现，两面针 12 月至翌年 2 月现顶芽，1~2 月始展叶，3~11 月为展叶盛期。2 月始花，3~4 月盛花，边开花边结果，4~5 月为幼果期，6~10 月为果熟期，9~11 月落果；有些至翌年 3 月有果未落，果开裂露出黑色的种子，种子掉落后果壳经常挂在枝端。

展叶盛期

花蕾出现期

展叶始期

开花始期

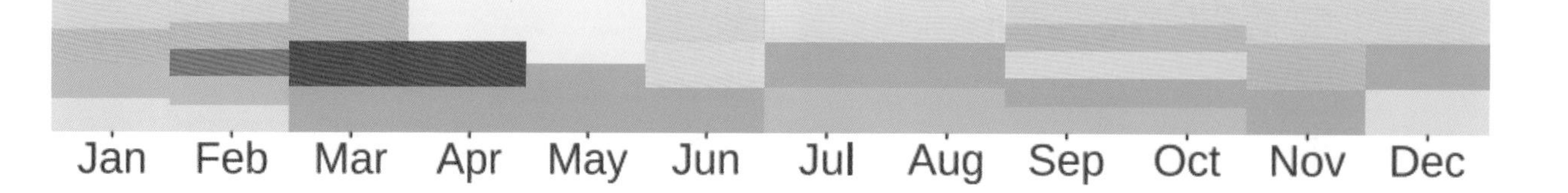

开花盛期

幼果期

果实脱落期

果实成熟期

鹅掌柴

别名：鸭脚木
英名：Ivy Tree
葡名：Pé-de-Pato

Schefflera heptaphylla (L.) Frodin, Bot. J. Linn. Bot. 104 (4): 314. 1991. 澳门植物志 2: 198, 2006

特征 常绿乔木，高达 15 m；小枝、叶、花序、花萼幼时密被星状短柔毛，后脱落。掌状复叶有小叶 6~11 片，纸质至革质，椭圆形、长圆状椭圆形或倒卵状椭圆形，全缘。伞形花序组成大型的圆锥花序，顶生，花白色。果球形，有棱。

分布 4 个样地均有。白鸽巢公园、松山市政公园、望厦山市政公园、氹仔、路环有分布。生于低海拔疏林中。分布于中国广东、广西、福建、江西、浙江、湖南、贵州、云南、西藏。印度、日本、越南也有分布。

物候 《中国植物志》《中国高等植物图鉴》《澳门植物志》中记载鸭脚木花期 11~12 月，果期 12 月至翌年 3 月。澳门植物物候监测中发现，鸭脚木 12 月至翌年 3 月现顶芽，12 月至翌年 1 月始展叶，并陆续有叶完成展开。3~9 月为主要展叶盛期。花期 9 月至翌年 2 月，9 月始花，11~12 月盛花，边开花边结果，12 月至翌年 2 月为幼果期，2~3 月为果熟期，3~4 月落果。

展叶始期

展叶盛期

芽开放期

花蕾出现期

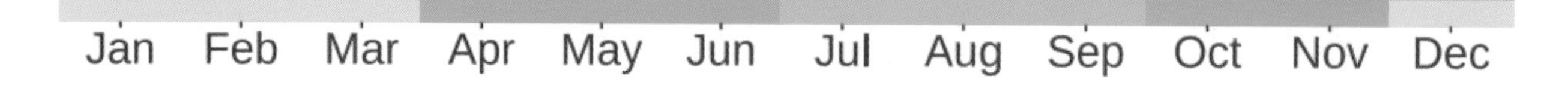

开花始期

开花末期

开花盛期

幼果期

果实成熟期

牛眼马钱

别名：狭花马钱
英名：**Narrow-flowered Poison-nut**
葡名：**Estrichno de Frutos Alaranjados**

Strychnos angustiflora Benth., J. Proc. Linn. Soc. Bot. 1: 102. 1856. 澳门植物志 2: 204, 2006

特征 木质藤本，长达 10 m；除花序和花冠以外，全株无毛；小枝变态成为螺旋状弯钩，钩长 2~5 cm，老枝有时变成枝刺。叶片卵形、椭圆形或近圆形，有时浅心形。三歧聚伞花序顶生；花 5 数，长 8~11 mm，具短花梗；花萼裂片卵状三角形，外面被微柔毛；花冠白色，花冠管与花冠裂片等长或近等长，花冠裂片长披针形，花药长圆形，伸出花冠管喉部之外。浆果圆球状，直径 2~4 cm，光滑，成熟时红色或橙黄色，内有种子 1~6 颗；种子扁圆形，宽 1~1.8 cm。

分布 大潭山样地和黑沙水库华润楠样地有少量。松山市政公园、氹仔、路环有分布。生于山地灌木丛中。分布于中国广东、广西、海南、福建、云南。越南、泰国、菲律宾也有。

物候 《中国植物志》《广东植物志》《澳门植物志》中记载牛眼马钱花期 4~6 月；果期 6~12 月。澳门植物物候监测中发现，牛眼马钱 3~11 月均有展叶期，展叶盛期 4~10 月，12 月至翌年 4 月有老叶变黄和落叶，半落叶至全落叶；花期 5~6 月，果期 6~9 月，果熟期 9 月。10 月至翌年 4 月无明显变化。

展叶始期

展叶盛期

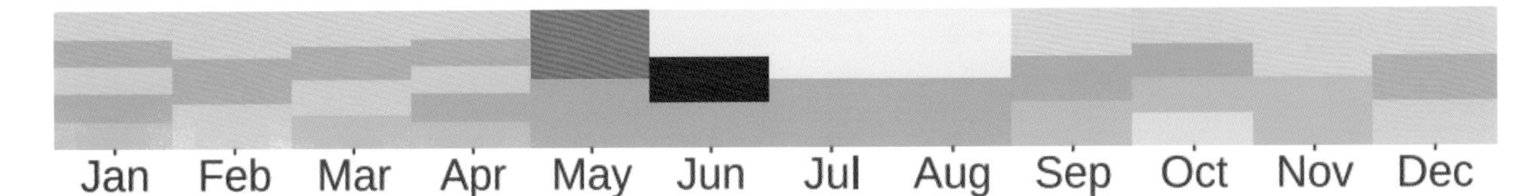

花蕾出现期

开花末期

幼果期

果实成熟期

山橙

英名：Mountain Orange
葡名：Melodino

Melodinus suaveolens Champ. ex Benth., Hooker's J. Bot. Kew Gard. Misc. 4: 333. 1852. 澳门植物志 2: 212, 2006

特征 木质藤本；除花序疏被柔毛外，其余无毛。叶革质，椭圆形或卵圆形，顶端渐尖，基部楔形或圆。聚伞花序顶生及腋生；花芳香，花萼裂片卵圆形；花冠白色，裂片近圆形、镰刀形；副花冠钟状或筒状，顶端5裂，自花冠喉部伸出。浆果球形。花芳香，果熟时橙红美丽，可作园林观赏植物。

分布 只见于黑沙水库样地。路环东北步行径有分布。生于疏林下或灌丛中。分布于中国广东、广西、海南。越南也有分布。

物候 《中国植物志》《广州植物志》《中国高等植物图鉴》《澳门植物志》中记载山橙花期5~11月；果期8~12月。澳门植物物候监测中发现，山橙几乎全年均有发新叶，3~5月、9~12月展叶盛期；1~3月、7月和11月分别有全落叶植株。花期4~6月，4~5月盛花；果期6月至翌年1月。

展叶盛期

花蕾出现期

展叶始期

开花始期

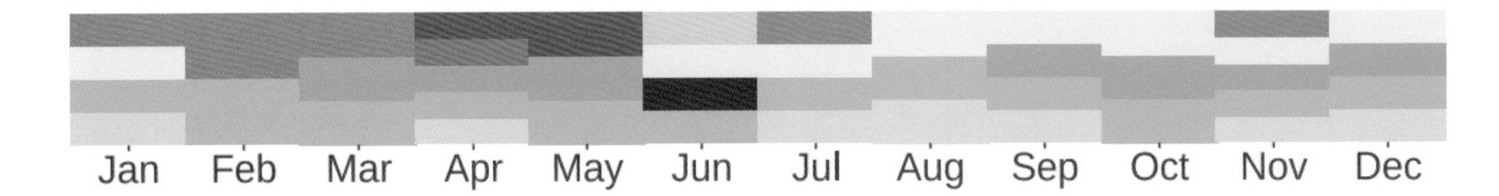

开花盛期

幼果期

果期

羊角拗

英名：**Goat Horns**
葡名：**Bicorne do Mato**

Strophanthus divaricatus Hook. & Arn., Bot. Beechey Voy. 199. 1837. 澳门植物志 2: 215, 2006

特征 木质藤本，除花冠外其余无毛，乳汁清或淡黄色；小枝密被皮孔。叶窄椭圆形或倒卵状长圆形；侧脉约 6 对。聚伞花序具花 3~15 朵；花萼裂片窄三角形；花冠黄色，花冠裂片卵形，顶端延长呈长尾状，长达 10 cm，基部内面具红色斑点；副花冠裂片 10 枚，黄绿色。蓇葖果水平叉开，木质；种子纺锤形。花黄果红，株形优美，可作园林观赏植物。

分布 4 个样地均有。望厦山市政公园、氹仔、路环有分布。生于灌丛或疏林下。分布于中国广东、广西、海南、福建、云南、贵州。越南、老挝也有分布。

物候 《中国植物志》《中国高等植物图鉴》《澳门植物志》中记载羊角拗花期 3~7 月；果期 7~11 月。澳门植物物候监测中发现，羊角拗集中于 3~11 月展叶盛期。花期 4~5 月，果期 6 月至翌年 2 月，果熟期 11 月至翌年 2 月，果熟时裂开，轮生着白色绢质种毛的种子随风飘落。

芽开放期

展叶始期

展叶盛期

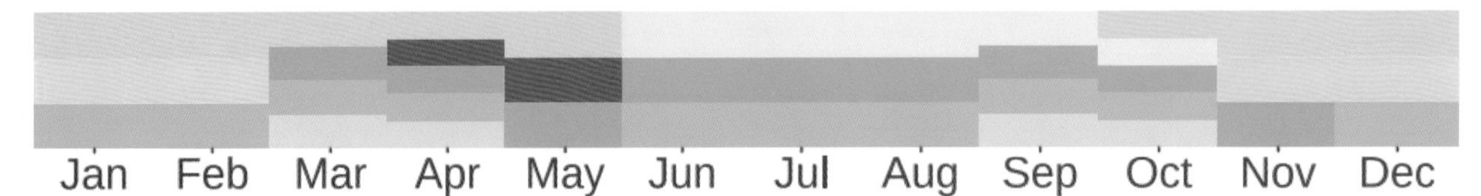

开花始期

果期

开花盛期

匙羹藤

英名：**Australian Cow-plant**
葡名：**Trepadeira de Colher**

Gymnema sylvestre (Retz.) Schult., Syst. Veg. 6: 57. 1820. 澳门植物志 2: 220, 2006

特征 木质藤本。叶厚纸质，倒卵形或椭圆形，两面被毛；侧脉 4~5 对。聚伞花序被短柔毛；花萼裂片卵形；花冠绿白色，裂片卵形。蓇葖果单生，卵状披针形，无毛；种子卵圆形，顶端具白色绢毛。

分布 4 个样地均有，九澳角和大潭山样地内的植株较大。氹仔、路环有分布。生于灌丛中。分布于中国广东、广西、海南、浙江、福建、台湾、云南。印度、斯里兰卡、越南、日本、马来西亚、印度尼西亚和非洲也有。

物候 《中国植物志》《中国高等植物图鉴》《澳门植物志》中记载匙羹藤花期 4~11 月；果期 9~12 月。澳门植物物候监测中发现，匙羹藤 1 月现顶芽，1~2 月始展叶，3~5 月为展叶盛期，6 月第 2 次现顶芽，7~8 月展叶，8~9 月展叶盛期，12 月为黄叶落叶期，1 月有些植株为无叶期。花期 2~10 月，5~7 月盛花；8 月至翌年 3 月为果期，9 月至翌年 1 月为果熟期，11 月至翌年 3 月落果，果熟时裂开，白色绢质种毛的种子随风飘落，通常勺状的果壳仍留在枝端。

展叶始期

展叶盛期

芽开放期

花蕾出现期

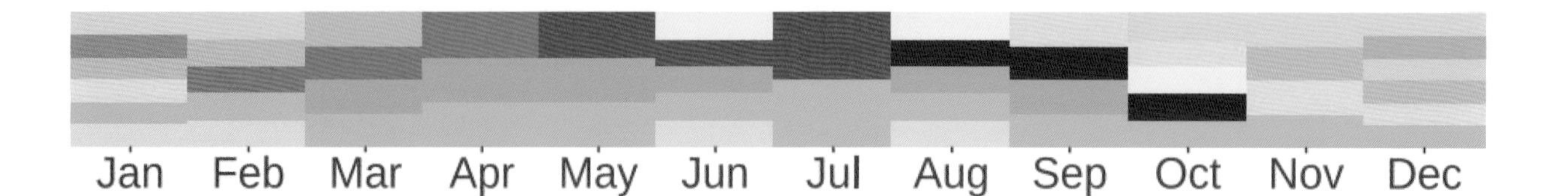

开花始期 开花盛期 幼果期

果期 果实成熟期

种子散布期

弓果藤

英名：Wight's Toxocarpus
葡名：Toxocarpo de Wight

Toxocarpus wightianus Hook. & Arn., Bot. Beechey, Voy. 200 (sp. dub.). 1837. 澳门植物志 2: 223, 2006

特征 木质藤本；小枝被黄褐色微柔毛，具皮孔；叶柄、花序轴、花萼裂片及果皮被锈色毛。叶近革质，椭圆形或椭圆状长圆形。聚伞花序伞状，较叶短，具花达10朵；花萼裂片膜质，卵状长圆形；花冠淡黄色，辐状，花冠裂片窄披针形。蓇葖果2，窄披针形，近水平叉开；种子无喙，顶端具白色绢毛。

分布 九澳角和大潭山样地有少量。松山市政公园、路环黑沙海滩、竹湾有分布。生于山地林中或灌丛。分布于中国广东、广西、海南、云南、贵州。印度、越南也有。

物候 《中国植物志》《中国高等植物图鉴》《澳门植物志》中记载弓果藤花期6~8月；果期10月至翌年2月。澳门植物物候监测中发现，1~4月现顶芽，全年展叶，3~9月展叶盛，花期5~8月，盛花期7~8月。果期9月至翌年1月，果熟时裂开，白色绢质种毛的种子随风飘落，通常弓状果壳仍留在枝端。

展叶盛期

开花始期

Jan Feb Mar Apr May Jun Jul Aug Sep Oct Nov Dec

开花盛期

果实成熟期

种子散布期

娃儿藤

英名：Ovate Tylophora
葡名：Tylophora Ovada

Tylophora ovata (Lindl.) Hook. ex Steud., Nomencl. Bot. [Steudel], ed. 2. 2: 726. 1841. 澳门植物志 2: 223, 2006

特征 攀缘藤本。叶坚纸质，卵形，基部心形；侧脉 4~6 对。聚伞花序总状；花序轴曲折，具多花，密集；花萼裂片钻状渐尖或卵形；花冠淡黄或黄绿色，辐状，裂片长圆状卵形或卵形；副花冠裂片卵球形，顶端达花药中部。蓇葖果披针状圆柱形或长圆状披针形；种子卵圆形，顶端具白色绢毛。可作观赏藤本。

分布 大潭山样地和九澳角样地有少量。松山市政公园、氹仔、路环有分布。生于山地林中或灌丛。分布于中国广东、广西、海南、福建、台湾、湖南、云南、贵州、四川。印度、巴基斯坦、尼泊尔、缅甸、老挝、越南也有分布。

物候 《中国植物志》《中国高等植物图鉴》《澳门植物志》中记载娃儿藤花期 4~8 月；果期 8~12 月。澳门植物物候监测中发现，娃儿藤几乎全年观察到展叶的植株，1~5 月展叶较盛。花期 3~8 月，盛花期 4~6 月；果期 10 月至翌年 2 月，落果期 2 月，落果时果壳纵裂，带白色绢质种毛的种子随风飘落，果壳常挂在树上。

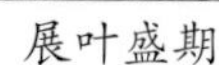
展叶盛期

展叶始期

花蕾出现期

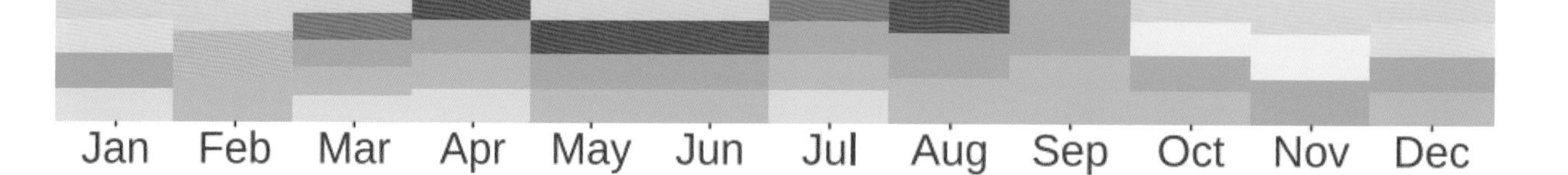

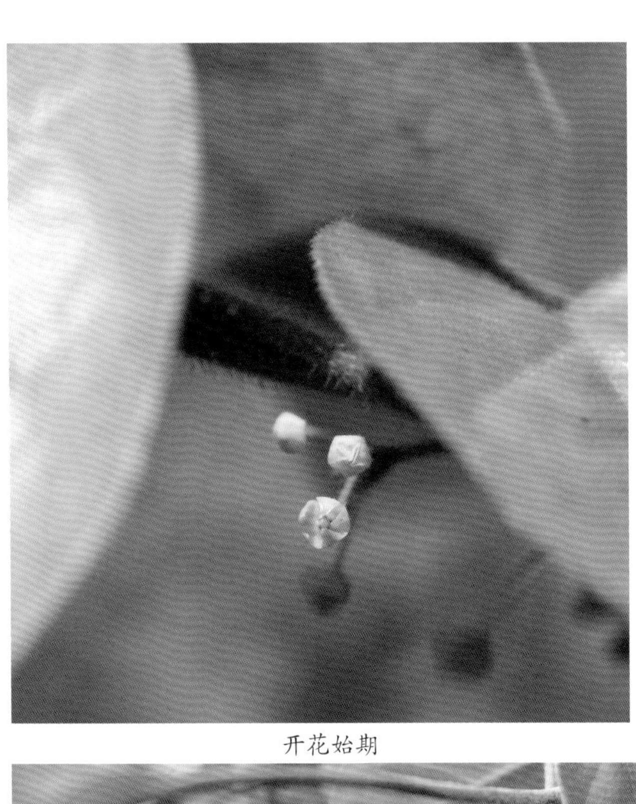

开花始期

开花盛期

果期

种子散布期

扭肚藤

英名：Mock Jasmine
葡名：Jasmim Trepador

Jasminum elongatum (Berg.) Willd., Sp. Pl. ed. 4, 1(1): 37. 1797. 澳门植物志 2: 283, 2006

特征 攀缘状灌木，长 1~6 m；小枝圆柱形，密被黄褐色柔毛。叶对生，卵形至卵状披针形。聚伞花序通常生于侧枝之顶，密集，有花多朵；花微香；花萼杯状，裂片 6~8 枚，钻状线形；花冠白色，花冠管细长，裂片 6~9 枚，披针状长圆形。浆果黑色，卵状长圆形或卵圆形，长 10 mm，直径 5~8 mm。庭园观赏。

分布 4 个样地均有。松山市政公园、氹仔小潭山、路环有分布。生于林缘、灌丛、疏林中。分布于中国广东、广西、海南、云南。越南、缅甸至喜马拉雅山一带也有。

物候 《中国植物志》《广东植物志》《海南植物志》《澳门植物志》中记载扭肚藤花期 4~12 月；果期 8 月至翌年 3 月。澳门植物物候监测中发现，扭肚藤 12 月至翌年 2 月现顶芽、始展叶，3~11 月为展叶盛期。3~12 月陆续有开花，6~11 月盛花；边开花边结果，果陆续成熟，发现 3 月果熟期较集中，成熟时果黑色，果皮光亮。

展叶盛期

花蕾出现期

展叶始期

开花始期

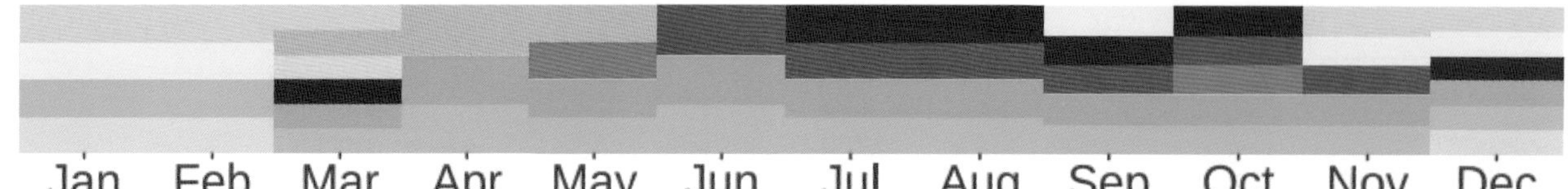

开花盛期

落花期

开花末期

幼果期

果实成熟期

小蜡

别名：山指甲、亮叶小蜡树
英名：**Chinese Privet**
葡名：**Alfena da China**

Ligustrum sinense Lour., Fl. Cochinch. 1: 19. 1790.
澳门植物志 2: 286, 2006

花蕾出现期

特征 灌木或小乔木，高 2~4 m；小枝圆柱形，幼时密被毛，老后渐变无毛。叶纸质或薄革质，卵形、披针形、近圆形、椭圆状长圆形或卵状椭圆形。圆锥花序腋生或顶生，长 4~11 cm，宽 3~8 cm；花萼钟状；花冠白色，裂片长圆形或卵状长圆形。核果近球形，直径 5~8 mm。可栽作绿篱。

分布 九澳角样地少量。松山市政公园、贾梅士花园、螺丝山公园、氹仔大潭山郊野公园有分布。分布于中国广东、广西、福建、台湾、浙江、江苏、安徽、江西、湖南、湖北、云南、四川、贵州。越南也有。

物候 《中国植物志》《海南植物志》《澳门植物志》中记载山指甲花期 3~6 月；果期 9~12 月。澳门植物物候监测中发现，山指甲全年均有展叶，主要集中在 2~5 月展叶期，3~5 月展叶盛。花期 1~4 月；果期 5 月至翌年 2 月，果熟时黑色。

开花盛期

展叶始期

幼果期

Jan Feb Mar Apr May Jun Jul Aug Sep Oct Nov Dec

果实成熟期

猪肚木

别名：小叶铁矢米
英名：**Bristly Canthium**
葡名：**Cántio Cerdoso**

Canthium horridum Bl., Bijdr. Fl. Ned. lnd.16: 966. 1826. 澳门植物志 2: 321, 2006

特征 灌木，高可达 3 m，具长达 3 cm 的对生刺；小枝被土黄色柔毛。叶纸质，卵形，椭圆形或长卵形；叶柄和托叶短小。花单生或数朵簇生于叶腋内，花梗短或无；小苞片杯形；花萼小，顶部具不明显波状小齿；花冠白色，长约 5 mm，裂片 5，长于冠筒。核果卵形，单生或双生，长 1.5~2.5 cm，宽 1~2 cm。园林观赏。

分布 大潭山样地和黑沙水库样地少量。路环石面盆古道有分布。生于疏林中。分布于中国广东、广西、海南、云南。印度至亚洲东南部也有。

物候 《中国植物志》《中国植物图鉴》《澳门植物志》中记载猪肚木花期 4~6 月。澳门植物物候监测中发现，几乎全年有新叶展开，4~6 月为展叶盛期。花期集中在 4~5 月，果期 6~9 月。12 月至翌年 4 月有黄叶至落叶，4 月部分为无叶期。

展叶盛期

花蕾出现期

展叶始期

果期

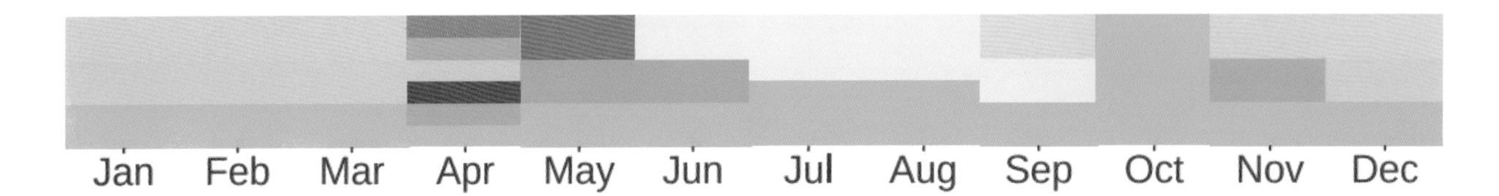

果实成熟期

浓子茉莉

英名：**Added Randia**
葡名：**Rándia de Malabar**

Fagerlindia scandens (Thunb.) Tirveng., Nord. J. Bot. 3 (4): 458. 1983. 澳门植物志 2: 323, 2006

展叶盛期

特征 有刺灌木，无毛；刺腋生，对生，长可达 1.2 cm。叶纸质或薄革质，卵形、宽椭圆形或近圆形，顶端稍钝或短尖。花 5 数，单生或 2~3 朵腋生或顶生；花冠白色，高脚碟状。浆果球形，径 5~7 mm，果柄长 5~8 mm。

分布 4 个样地均有，松山样地较多。西望洋山、松山市政公园、路环叠石塘、黑沙龙爪角有分布。生于灌丛或林中。分布于中国广东、广西、海南、云南。越南也有 。

物候 《中国植物志》《中国高等植物图鉴》《澳门植物志》中记载浓子茉莉花期 3~5 月；果期 5~12 月。澳门植物物候监测中发现，浓子茉莉 10 月至翌年 3 月现顶芽，1~3 月为主要展叶始期，4~12 月也陆续有展叶。3 月始花，4~5 月盛花；全年陆续有幼果，5~6 月为主要幼果期，6~12 月为果熟期，翌年 1~2 月为落果期。

花蕾出现期

展叶始期

开花始期

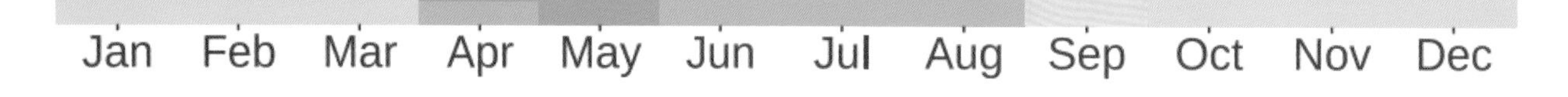

开花盛期

幼果期

开花末期

果实成熟期

栀子

别名：白蝉、水横枝
英名：Cape Jasmine
葡名：Jasmim do Cabo

Gardenia jasminoides J. Ellis, Philos. Trans. 51(2): 935. 1761. 澳门植物志 2: 324, 2006

特征 灌木，无刺或稀具刺。叶革质，稀纸质，形状多样，常为长圆状披针形、倒卵形或椭圆形。花常单朵顶生，花萼管长 0.8~2.5 cm，裂片 5~8，披针形或线状披针形，长 1~3 cm；花冠高脚碟状、白色或乳黄色，筒长 3~5 cm，裂片 5~8，长 1.5~4 cm；花药伸出；柱头伸出，纺锤形。果卵形、近球形、椭圆形或长圆形，平滑或具纵棱，长 1.5~7 cm；种子多数，近圆形。花美丽、芳香，供观赏。

分布 大潭山、九澳角和黑沙水库样地均有少量。氹仔、路环有分布。生于旷野、山坡、灌丛或林中。野生或栽培。分布于中国广东、广西、海南、江西、福建、台湾、浙江、江苏、安徽、山东、湖南、湖北、云南、四川、贵州、河北、陕西、甘肃。日本、朝鲜、印度、尼泊尔、巴基斯坦、老挝、越南、柬埔寨、太平洋岛屿、美洲北部也有。

物候 《中国植物志》《中国高等植物》《澳门植物志》中记载栀子花期 3~8 月；果期 5~12 月。澳门植物物候监测中发现，栀子 10 月至翌年 3 月现顶芽，2~4 月始展叶，5~9 月为展叶盛期。3 月始花，4~5 月盛花；边开花边结果，果期长，4~7 月为幼果期，7~11 月果熟期，8 月至翌年 2 月落果期。11 月至翌年 3 月有黄叶至落叶。

展叶始期

展叶盛期

芽开放期

花蕾出现期

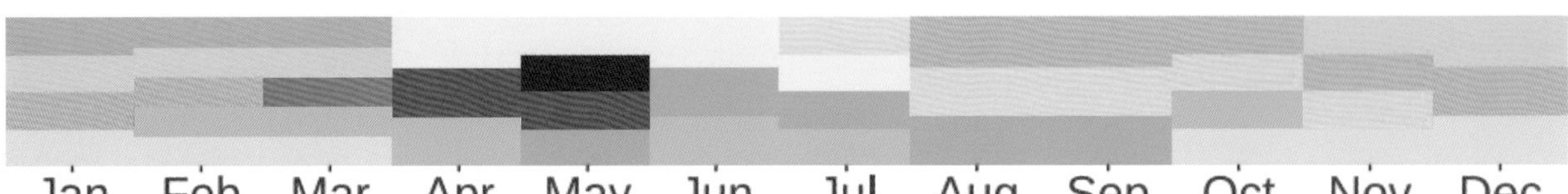

开花盛期

开花始期

开花末期

幼果期

果实成熟期

牛白藤

英名：**Hedyotidous Hedyotis**
葡名：**Hedyotis Cheirosa**

Hedyotis hedyotidea (DC.) Merr., Lingnan Sci. J. 13: 48. 1934. 澳门植物志 2: 329, 2006

特征 藤本，长可达 5 m，嫩枝被毛。叶纸质或膜质，长卵形或近长圆形；侧脉每边 4~5 条；叶柄长 0.3~1 cm。伞形头状花序腋生或顶生，总梗长 1.5~2.5 cm；花 4 数，花萼长约 4 mm；花冠白色，长 0.8~1.5 cm，裂片与冠筒近等长；花柱异长，雄蕊在长柱花中内藏，短柱花中伸出。蒴果近球形，直径 2~3 mm，熟时开裂，种子具棱，每室多数。

分布 只见于大潭山样地。松山市政公园、路环有分布。生于山坡、林中或灌丛。分布于中国广东、广西、云南。越南也有。

物候 《中国植物志》《中国高等植物》《澳门植物志》中记载牛白藤花果期几全年。澳门植物物候监测中发现，牛白藤全年展叶期。花果期 7~10 月，边开花边结果。

展叶始期

展叶盛期

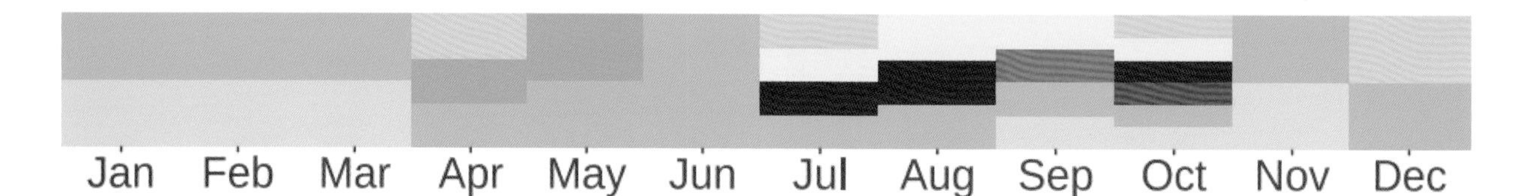

花蕾出现期

开花始期

开花盛期

开花末期

幼果期

鸡眼藤

别名：小叶巴戟天
英名：**Little-leaved Indian-mulberry**
葡名：**Fruta dos Macacos**

Morinda parvifolia Bartl. ex DC., Prodr. [A. P. de Candolle] 4: 499. 1830. 澳门植物志 2: 333, 2006

展叶盛期

开花始期

特征 藤本，嫩枝密被毛。叶纸质，形状变化大，倒卵形、倒披针形、线状倒披针形或近披针形，顶端渐尖或短尖；侧脉叶背明显，每边 3~6 条。2~9 个头状花序于枝顶伞状排列；花 4~5 基数，花萼下部彼此合生，花冠白色，裂片长于冠筒；雄蕊生裂片侧基部，伸出。聚花核果近球形，径 0.6~1.5 cm，熟时橙红色。

分布 4 个样地均有。松山市政公园、氹仔小潭山、路环有分布。生于林中或灌丛。分布于中国南部至东南部。越南、菲律宾也有。可作观果植物。

物候 《中国植物志》《中国高等植物》《海南植物志》《台湾植物志》《澳门植物志》中记载鸡眼藤花期4~7月；果期7~8月。澳门植物物候监测中发现，鸡眼藤1~2月现顶芽，3~12月一直有展叶。花期4~7月；边开花边结果，果期6~9月，8~9月果熟期。

展叶始期

开花盛期

Jan Feb Mar Apr May Jun Jul Aug Sep Oct Nov Dec

幼果期

果期

果实成熟期

玉叶金花

英名：**Buddha's Lamp**

葡名：**Lanterna de Buda**

Mussaenda pubescens W. T. Aiton, Hort. Kew. ed. 2 [W. T. Aiton] 2: 372. 1810. 澳门植物志 2: 334, 2006

特征 攀缘灌木，嫩枝被贴伏短毛。叶膜质或薄纸质，长圆形或卵状披针形，长 3~8 cm，宽 1~2.5 cm。聚伞花序顶生，密花，近无总梗和花梗；花萼管长 3~4 mm，萼裂片比萼管长 2 倍以上，花叶白色，阔椭圆形，顶端钝或短尖，长 2~5 cm，柄长 1~2.8 cm；花冠黄色，长约 2.4 cm；雄蕊和花柱内藏。浆果近球形。花期，洁白而较大的苞片围绕着黄色的花，有较高的观赏价值，适宜郊野公园沿途绿化。

分布 松山、大潭山、九澳角和黑沙水库样地均有少量。松山市政公园、路环、氹仔有分布。生于路旁、灌丛。分布于中国长江以南各地。

物候 《中国植物志》《海南植物志》《澳门植物志》中只记载花期 4~7 月。澳门监测发现，玉叶金花一年多数时间均发现有叶的生长，11 月至翌年 3 月现顶芽，1~3 月有始展叶，几乎全年为展叶盛期。花期 3~6 月，5~6 月盛花，10 月也拍到有盛花；果期 5~12 月，5~8 月为幼果期，9~12 月为果熟期，翌年 1~2 月为落果期。

展叶始期

展叶盛期

花蕾出现期

开花盛期

Jan Feb Mar Apr May Jun Jul Aug Sep Oct Nov Dec

开花末期

幼果期

果期

鸡矢藤

英名：**Chinese Feverine**
葡名：**Espanta**

Paederia scandens (Lour.) Merr., Contrib. Arn. Arb. 8: 163. 1934. 澳门植物志 2: 335, 2006

特征 藤本，茎长可达 5 m，无毛或近无毛。叶纸质，形状变化很大，卵形，卵状长圆形至披针形。圆锥状聚伞花序腋生和顶生，小苞片小，披针形；花 5 数，花萼长 1.5~2.2 mm，花冠淡紫色，长 0.8~1.2 cm，裂片很短；雄蕊生冠筒喉部，花药内藏。果球形，成熟时近黄色，平滑；小坚果无翅。

分布 4 个样地均有少量。松山市政公园、路环、氹仔有分布。生于灌丛。分布于中国长江流域及其以南各地。日本、印度至印度尼西亚也有。

物候 《中国植物志》《海南植物志》《澳门植物志》中记载花期夏秋季，果期 10~12 月。澳门监测发现，鸡矢藤一年多数时间均发现有叶的生长，3 月现顶芽，3~4 月始展叶，3~10 月为展叶盛期，11 月至翌年 2 月叶色变黄，并有落叶。花期 9~10 月，9 月始花，10 月盛花；边开花边结果，果期 10 月至翌年 1 月，10 月幼果期，11~12 月有果熟，翌年 1 月有落果现象。

展叶盛期

展叶始期

开花始期

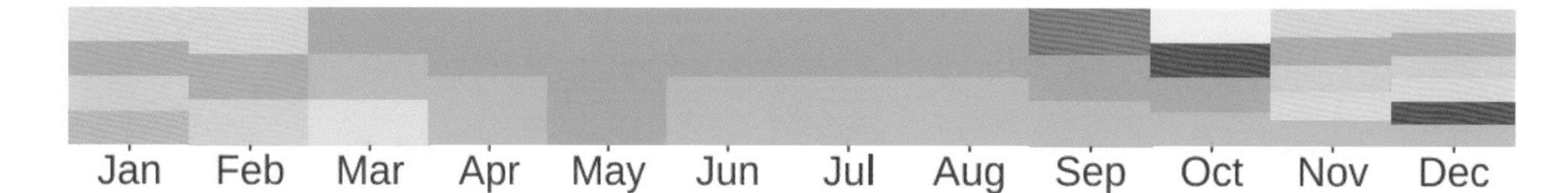

开花盛期　果实成熟期

幼果期　果实脱落期

香港大沙叶

别名：茜木
英名：**Hong Kong Pavetta**
葡名：**Pavetta de Hong Kong**

Pavetta hongkongensis Bremek., Fedde, Repert. Spec. Nov. Regni Veg. 37: 104. 1934. 澳门植物志 2: 336, 2006

特征 灌木或小乔木，高达 4 m。叶纸质或革质，长圆形至椭圆状倒卵形，长 7~15 cm，宽 3~7 cm；侧脉每边约 7 条；叶柄长 1~2 cm；托叶阔三角形。伞房状聚伞花序生侧枝顶部，多花，长 7~10 cm；花 4 数，花萼长约 1.5 mm，花冠白色，长约 2 cm。果球形，径约 6 mm。

分布 只见于松山样地。青州山、松山有分布。生于疏林。分布于中国广东、广西、海南、云南。菲律宾也有。

物候 《中国植物志》《海南植物志》《澳门植物志》中只记载花期 3~8 月；果期 6~12 月。澳门植物物候监测中发现，12 月至翌年 3 月现顶芽，1~3 月始展叶，3~9 月一直展叶。花期短，3~4 月始花，5 月盛花，8 月第 2 次开花，10 月第 3 次开花；5~7 月为幼果期，7~9 月果熟并有落果，9 月花谢后又有新的幼果，10 月又一次果熟至 11~12 月落果，11~12 月第 3 次的花落后又有幼果，至翌年 2 月果熟，3 月落果。

展叶始期

花蕾出现期

芽开放期

开花始期

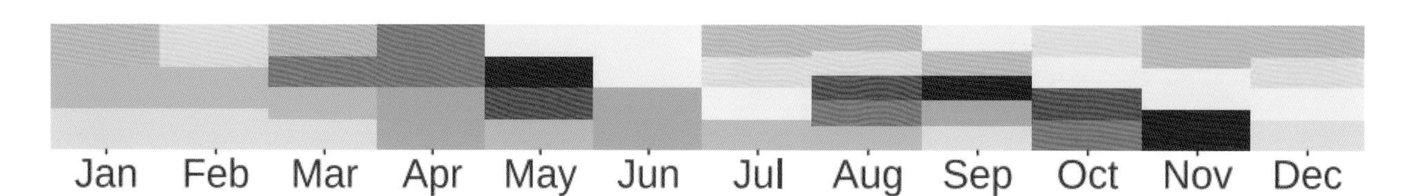

开花盛期

开花末期

幼果期

果实成熟期

九节

别名： 山大刀
英名： **Red Psychotria**
葡名： **Café Bravo**

Psychotria asiatica Wall., Fl. lnd. (Carey & Wallich ed.) 2: 160. 1824. 澳门植物志 2: 337, 2006

特征 灌木或小乔木，高达 5 m。叶纸质或革质，长圆形、椭圆状长圆形、倒披针状或倒卵状长圆形。伞房状或圆锥状聚伞花序常顶生，总梗常极短；花萼顶部近截平或不明显 5 裂；花冠白色，长 4~5.5 mm，裂片 5，与冠筒近等长。核果球形或宽椭圆形，长 5~8 mm，宽 4~7 mm，果柄长 0.1~1 cm。株形优美，可作观赏。

分布 4 个固定监测样地均有，在松山、大潭山样地和九澳角样地中较多，黑沙水库样地较少。松山市政公园、望厦山公园、路环、氹仔有分布。生于旷地、灌丛或林中。分布于中国广东、广西、海南、福建、台湾、浙江、湖南、云南、贵州。日本、印度、老挝、越南、柬埔寨、马来西亚也有。

物候 《中国植物志》《广东植物志》《澳门植物志》中记载花果期全年。澳门监测发现，九节一年四季均发现有叶的生长，4~11 月一直为展叶盛期。本监测中亦发现九节周年均有花果出现，但总体有较集中的花果物候期，4 月始花，5 月盛花，5~6 月为幼果期，7~11 月为果熟期，10 月到翌年 3 月有落果现象。

展叶始期

展叶盛期

芽开放期

花蕾出现期

开花始期

开花盛期

开花末期

幼果期

果实成熟期

果实脱落期

蔓九节

英名：**Creeping Psychotria**
葡名：**Psychótria Trepador**

Psychotria serpens L., Mant. Pl. Altera 204. 1771. 澳门植物志 2: 337, 2006

特征 攀缘或匍匐藤本，长可达 6 m，嫩枝稍扁。叶纸质或革质，形状变化很大，常卵形、倒卵形或椭圆形。伞房状聚伞花序顶生，总梗长约 3 cm；花 5 数，花萼长约 3 mm，花冠白色，裂片与冠筒近等长；雄蕊生口部。果球形或椭圆形，长 4~7 mm，宽 2.6~6 mm。

分布 4 个样地均有。氹仔、路环有分布。生于林中或灌丛。分布于中国广东、广西、海南、福建、台湾、浙江。朝鲜、日本、泰国、老挝、越南、柬埔寨也有。

物候 《中国植物志》《广东植物志》《澳门植物志》中记载花期 4~7 月；果期全年。澳门监测发现，蔓九节一年四季均发现有叶的生长，1~4 月见顶芽，1~3 月为始展叶，4~11 月一直为展叶盛期。本监测中亦发现蔓九节虽然周年多有叶的生长，但有较集中的花果物候期，4~5 月始花，6 月盛花至落花；7~10 月为幼果期，10 月至翌年 1 月为果熟期，翌年 1~3 月有落果现象。

展叶盛期

花蕾出现期

展叶始期

开花始期

Jan Feb Mar Apr May Jun Jul Aug Sep Oct Nov Dec

开花末期

果实成熟期

果实脱落期

假桂乌口树

别名：达仑木
英名：**Tapered Tarenna**
葡名：**Tarenna Adelgaçanda**

Tarenna attenuata (Voigt) Hutch., in Sarg. Pl. Wils. 3(2): 411. 1916. 澳门植物志 2: 338, 2006

特征 灌木或乔木，高达 8 m。叶纸质或薄革质，倒披针形、倒卵形或长圆状倒卵形，长 2.5~15 cm，宽 1.2~6 cm；叶柄长 0.5~1.5 cm；托叶长 5~8 mm。伞房状聚伞花序顶生，长 2.5~6.2 cm；花梗短，花萼裂片极小；花冠白色或淡黄色，裂片 5，外翻；雄蕊伸出；胚珠每室 1 颗，柱头伸出。浆果近球形，径 5~7 mm，熟时紫黑色；种子 1~2 颗。

分布 只见于九澳角样地。松山市政公园、路环有分布。生于林中或灌丛。分布于中国广东、广西、海南、云南。印度、越南、柬埔寨也有。

物候 《中国植物志》《中国高等植物》《澳门植物志》中记载假桂乌口树花期 4~12 月；果期 5 月至翌年 1 月。澳门植物物候监测中发现，假桂乌口树全年均有顶芽展开的新叶，有较集中的花果物候期，花期 2~5 月，2~4 月始花，5 月盛花至落花；5 月至翌年 1 月为果期。

展叶始期

展叶盛期

芽开放期

花蕾出现期

Jan Feb Mar Apr May Jun Jul Aug Sep Oct Nov Dec

开花盛期

开花末期

果期

幼果期

白子菜

英名：Divaricate Gynura
葡名：Gynura Bifurcad

Gynura divaricata (L.) DC., Prodr. 6: 301. 1838. 澳门植物志 2: 360, 2006

特征 多年生草本，高 30~60 cm，茎、枝被白色短柔毛，多少带肉质。叶互生；叶柄长 0.5~4 cm，基部具耳；叶片卵形、倒披针形或长椭圆形，基部渐狭成柄，下延至叶柄，边缘具锯齿或浅裂，稀全缘，叶面绿色，叶背有时带紫色。头状花序 3~5 个，排成顶生或腋生的伞房花序；小花全部管状，橙黄色，檐部 5 齿裂。瘦果圆柱形；冠毛白色，绢毛状。

分布 只见于九澳角样地。氹仔、路环沿海有分布。生于林缘、潮湿的岩石上。分布于中国广东、广西、海南、福建、云南。越南北部也有。

物候 《中国植物志》《澳门植物志》中记载白子菜花期 10~12 月。澳门植物物候监测中发现，白子菜几乎全年均在展叶，主要在 1~9 月为展叶盛期，花期几乎全年。果期 10 月至翌年 5 月，10 月幼果期，11 月至翌年 2 月为果熟期，翌年 3~5 月为落果期。

展叶盛期

花蕾出现期

开花始期

开花盛期

果实成熟期及种子散布期

微甘菊

英名：**Mile-a-minute weed**
葡名：**Mikánia Trepadora**

Mikania micrantha Kunth, Nov. Gen. Sp. [H. B. K.] 4(fol.): 105. 1818. 澳门植物志 2: 366, 2006

特征 多年生草质藤本；茎初时匍匐后攀缘上升，长可达数米，基部常木质化。叶对生；叶柄长 2~8 cm；叶片三角状卵形或卵形，边缘具数个粗齿或浅波状圆齿。头状花多数序，在枝端排成复伞房状花序；小花 4 朵，全部管状，白色，有时粉红色，檐部 5 齿裂；花柱分枝线形，伸出花冠外。瘦果黑色；冠毛多数，白色，糙毛状。为有害杂草。

分布 只见于松山样地。松山市政公园、氹仔、路环有分布。生于林缘荒地，路边。原产南美洲，现广布于热带地区。

物候 《澳门植物志》中记载微甘菊花期 6~12 月。澳门植物物候监测中发现，微甘菊几乎全年都在展叶，6 月为展叶盛期，10 月至翌年 3 月为花期，5 月也有盛花，1 月观察到有种子散发。

展叶始期

展叶盛期

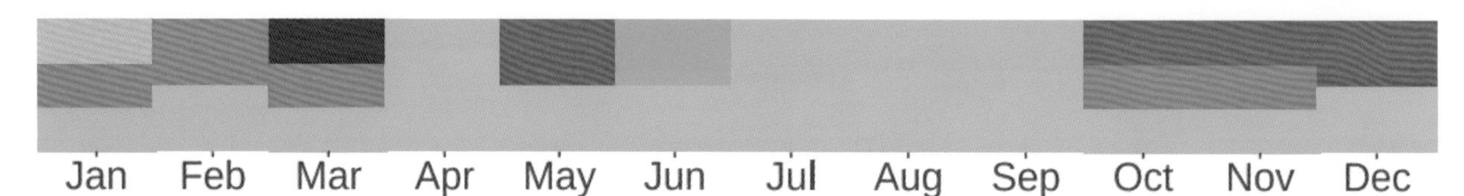

花蕾出现期

开花始期

开花盛期

开花末期

种子散布期

蒲葵

英名：Chinese Fan Palm
葡名：Palmeira dos Leques

Livistona chinensis (Jacq.) R. Br., Prodr. Fl. Nov. Holl. 268. 1810. 澳门植物志 3: 23, 2007

特征 乔木状，高 6~20 m；茎干粗糙，直径 20~30 cm，基部常膨大。叶圆扇形，直径约 1 m，掌状分裂至中部；裂片线状披针形，宽约 2 cm，2 深裂，柔软而下垂；叶柄长 1~2 m，中部以下两侧具长 1.5~2 cm 的锐刺；叶鞘网状，包茎。肉穗花序腋生，呈圆锥花序状，长约 1 m，约 6 个分枝；佛焰苞筒状，基部的最大，棕红色，厚革质；花小，黄绿色或全缘，冠 3 裂。核果椭圆形或橄榄形，长约 2 cm，黑褐色；种子与果实同形。常作园林观赏。

分布 只见于松山样地。卢廉若公园、二龙喉公园、南湾花园、纪念孙中山市政公园有栽培。分布于中国华南。中南半岛也有。

物候 《中国植物志》《中国高等植物图鉴》《广东植物志》《澳门植物志》中记载蒲葵花期 3~4 月，果期 8~9 月。澳门植物物候监测中发现，蒲葵几乎全年均在展叶，有集中的花果物候期，花期 3~4 月；果期 5~8 月，5~6 月为幼果期，7~8 月为果熟期。8~11 月观察到黄叶。

展叶始期

展叶盛期

萌动期

开花始期

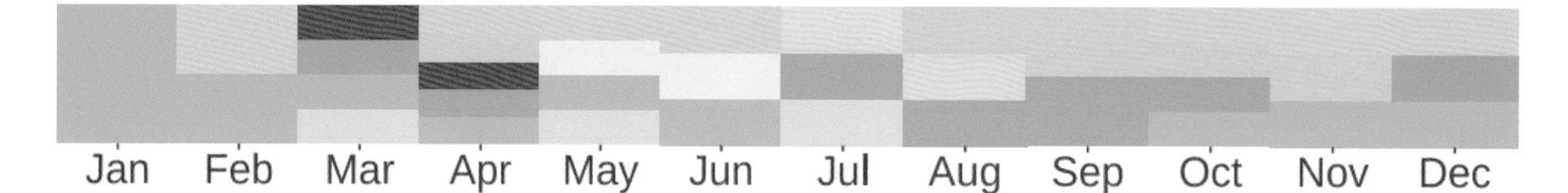

幼果期

果实成熟期

刺葵

英名：Spiny Date palm
葡名：Tamareira do Hance

Phoenix loureiroi Kunth., Enum. Pl. [Kunth] 3: 257. 1841. 澳门植物志 3: 25, 2007

特征 丛生灌木状，高 1~4 m，直径 30 cm 或更粗。叶长 2~2.5 m，披散，呈弧状弯拱；羽片线形，长 15~35 cm，宽 2~3 cm，单生或数片聚生，呈 4 列排列。肉穗花序生于叶腋中；佛焰苞长 15~20 cm，黄绿色；花序梗长 50~65 cm；雄花近白色；花瓣 3 枚；雌花近球形，花瓣圆形。果实长圆形，长 1.5~1.8 cm，熟时橙黄色；种子长圆形，长 1.2~1.5 cm。株形优美，果实有较高的观赏价值。

分布 只见于九澳角样地。路环、氹仔有分布。生于山坡灌丛中。分布于广东、广西、海南、台湾、云南。

物候 《中国植物志》《中国高等植物图鉴》《海南植物志》《澳门植物志》中记载刺葵花期 4~5 月；果期 6~10 月。澳门植物物候监测中发现，刺葵有集中的花果物候期，花期 5 月，果期 5~7 月，7 月为果熟期。全年展叶，5~6 月，8~9 月为展叶盛期。

展叶盛期

开花始期

Jan Feb Mar Apr May Jun Jul Aug Sep Oct Nov Dec

开花盛期

开花末期

幼果期

果实成熟期

露兜树

英名：Pandanus
葡名：Pandano Colmado

Pandanus tectorius Sol.in Journ.Voy. H. M. S. Endeav. 46. 1773. 澳门植物志 3: 36, 2007

特征 常绿灌木或小乔木，常左右扭曲，气根多分枝或不分枝。叶簇生于枝顶，3 行紧密螺旋状排列，条形，先端渐狭成一长尾尖，叶缘和叶背中脉均有粗壮的锐刺。雄花序由若干穗状花序组成，每一穗状花序长约 5 cm；佛焰苞长披针形，近白色，先端渐尖，边缘和背面隆起的中脉上具细锯齿；雄花芳香，呈总状排列；雌花序头状，单生于枝顶，圆球形；佛焰苞多枚，乳白色，边缘具疏密相间的细锯齿。聚花果大，向下悬垂，由 40~80 个核果束组成，圆球形或长圆形，长达 17 cm，直径 15 cm，成熟时橘红色；核果束倒圆锥形，高约 5 cm，直径 3 cm。可作绿篱。

分布 只见于九澳角样地。路环黑沙海滩、路环黑沙龙爪角有分布，生于海边沙地或栽培。分布于中国广东、广西、海南、福建、台湾、贵州、云南。亚洲热带地区至澳大利亚也有。

物候 《中国植物志》《广州植物志》《中国高等植物图鉴》《海南植物志》《澳门植物志》中记载露兜树花果期 6 月。澳门植物物候监测中发现，露兜树几乎全年均在展叶，花期 4 月，果期 6~10 月，10 月有落果。1 月有少量黄叶。

展叶盛期

幼果期

Jan Feb Mar Apr May Jun Jul Aug Sep Oct Nov Dec

果实成熟期

海芋

别名：尖尾野芋头、狼毒、野山芋
英名：Red Poison-seed
葡名：Taro Gigante

Alocasia odora (Roxb.) K. Koch Loch Ind. Sem. Hort. Berol. 1854 (App.): 5. 1854. 澳门植物志 3: 40-41, 2007

特征 直立草本，地上茎有时高达 2~3 m。根茎粗 5~8 cm，圆柱形，有节，常生不定芽条。叶柄粗大，长可达 1.5 m，下部 1/2 具鞘，基部连鞘宽 5~10 cm；叶片革质，叶面稍光亮，绿色，叶背较淡，极宽，箭状卵形，边缘浅波状，长 50~90 cm，宽 40~80 cm，前裂片宽卵形，长宽几相等。花序柄 2~3 丛生，圆柱形，各被以长 50 cm，宽约 8 cm 的苞叶（鳞叶），后者披针形，绿色；花序柄长 12~60 cm，淡绿色。佛焰苞管部席卷成长圆状卵形或卵形，白绿色，长 3~5 cm，粗 4 cm；檐部白绿色、黄绿色，后变白色，舟状，长圆形。肉穗花序芳香。浆果亮红色，短卵状，长约 1 cm，粗 5~9 mm。可作大型盆栽观叶植物。

分布 4 个样地均有，只有松山样地有成熟植株。澳门各地常见。分布于中国南部各地。孟加拉国、印度东北部、老挝、柬埔寨、越南、泰国至菲律宾也有。

物候 《广州植物志》《中国植物志》《澳门植物志》中只记载海芋花期 4~7 月。澳门植物物候监测中发现，海芋 1~2 月始展叶，一年多数时间均发现有叶的生长，3~10 月为展叶盛期。3 月始花，5 月盛花，4 月有幼果，5~6 月为果熟期，同时 7 月有落果现象。11 月至翌年 1 月有黄叶。

展叶盛期

展叶始期

花蕾出现期

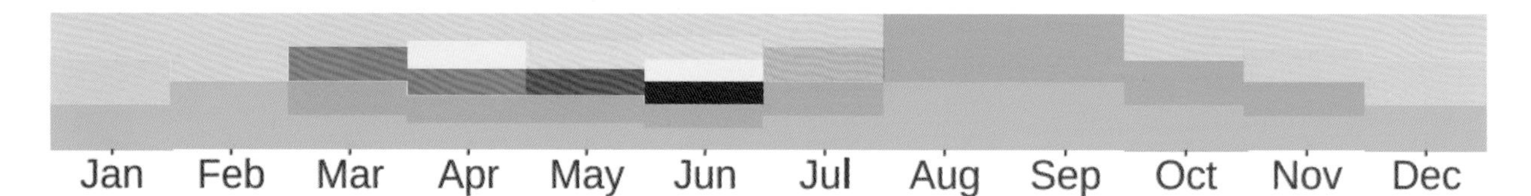

开花始期

开花末期

果实成熟期

毛果珍珠茅

英名：Hairy-fruited Razorsedge
葡名：Scleria de Frutos peludos

Scleria levis Retz., Observ. Bot. (Retzius) iv. 13. 1786. 澳门植物志 3: 93, 2007

特征 多年生草本；根状茎木质，被紫色的鳞片。秆三棱形，高达 70 cm，直径 3~5 mm，被微柔毛。叶线形，长约 30 cm，宽 7~10 mm，粗糙；叶鞘纸质，长 1~8 cm，基部的鞘褐色，鞘口有 3 个不等大的齿，具翅；叶舌半圆形，被毛。复圆锥花序由 1 个顶生和 1~2 个侧生圆锥花序组成，圆锥花序长 3~8 cm，轴被微柔毛，具棱，有时具狭翅。小坚果近球形或卵形，钝三棱状，直径约 2 mm，白色；基盘 3 浅裂，裂片狭三角形，淡黄色。

分布 4 个样地均少量。路环龙爪角、路环黑沙海滩有分布。生于山坡、路旁、疏林下。分布于中国广东、广西、海南、浙江、福建、台湾、湖南、贵州、四川、云南。斯里兰卡、越南、马来西亚、印度、印度尼西亚、澳大利亚热带地区也有。

展叶始期

物候 《澳门植物志》中记载毛果珍珠茅花果期 6~10 月。澳门植物物候监测中发现，毛果珍珠茅全年均有展叶，主要集中在 1~8 月，3~5 月及 7~9 月为主要展叶盛期，花期 6~9 月；果期几乎全年，主要集中在 9 月至翌年 1 月。12 月至翌年 3 月有少量黄叶。

展叶盛期

开花始期

开花盛期

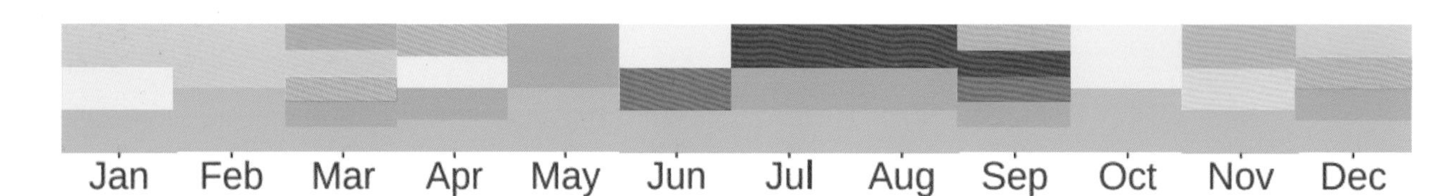

开花末期及幼果期

果实成熟期

山麦冬

别名：麦门冬
英名：**Lily Turf**
葡名：**Liriope Rastejante**

Liriope spicata (Thunb.) Lour.，Fl. Cochinch. 201. 1790. 澳门植物志 3: 223, 2007

特征 多年生草本。根稍粗，径 1~2 mm，多分枝，近末端成长圆形、椭圆形或纺锤形肉质小块根；根状茎短，木质，具地下走茎。叶长 25~65 cm，宽 4~8 mm，边缘具细齿，基部常具褐色叶鞘，中脉突起。花莛长 20~65 cm；总状花序长 6~20 cm，具多花；花 3~5 朵簇生于苞片腋内，苞片披针形；花梗长约 4 mm，关节位于中部以上；花被片长圆形或卵状披针形，先端钝圆，淡紫色或淡蓝色。果实近球形，成熟时黑色。株形美观，为常见的观赏植物。

分布 在大潭山和九澳角样地较多，松山和黑沙水库样地有少量。澳门路环有分布。生于林下。分布于中国华北以南各地。越南、日本也有。

物候 《中国植物志》《广州植物志》《澳门植物志》中记载花期 5~7 月；果期 8~10 月。澳门植物物候监测中发现，山麦冬 1~3 月地上芽开始出现，一年多数时间均发现有叶的生长，4~9 月为展叶期，其中 4~7 月为展叶盛期。5~7 月始花，8~9 月盛花，10 月花落；9~10 月为幼果期，11 月至翌年 2 月为果熟期，果熟时黑色，翌年 1~4 月为落果期。

展叶始期

展叶盛期

花蕾出现期

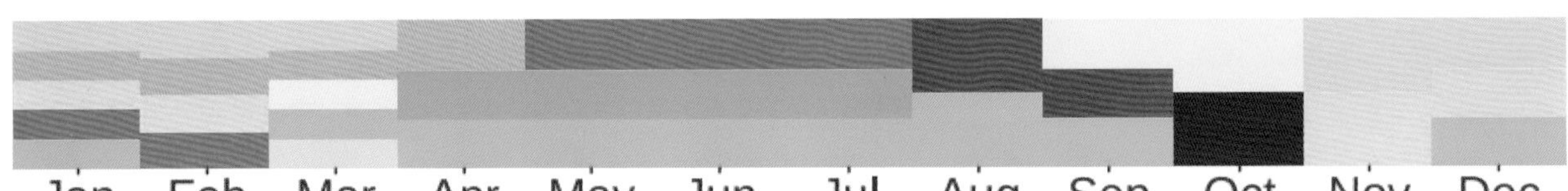

开花始期

开花盛期

开花末期及幼果期

果实成熟期

果实脱落期

合丝肖菝葜

英名：**Gaudichaud Heterosmilax**

葡名：**Heterosmilax do Gaudichaud**

Heterosmilax gaudichaudiana Kunth, Enum. Pl. [Kunth] 5: 252. 1850. 澳门植物志 3: 245, 2007

特征 攀缘灌木。小枝有钝棱。叶纸质至革质，近心形或卵形、稀卵状披针形，长 6~20 cm，宽 2~12 cm，顶端渐尖至急尖，基部近心形，主脉 5~7 条；叶柄长 1~3 cm，下部有卷须和狭鞘。伞形花序有花 20~50 朵，生于叶腋或生于褐色的苞片内；总花梗扁平，长 1~3 cm；花序托球形；雄花花被筒顶端有 3 枚钝齿，雄蕊 3 枚，花丝下部合生成柱；雌花花被管较短，具 3 枚退化雄蕊，柱头 3 裂。浆果球形而稍扁，直径 6~10 mm，成熟时黑色。

分布 4 个样地均有少量。松山市政公园、氹仔、路环有分布。生于山坡、路旁阳处。分布于中国广东、广西、海南、福建。越南也有。

物候 《中国植物志》《澳门植物志》中记载花期 6~8 月；果期 7~11 月。澳门固定样地监测发现，1~2 月始展叶，一年多数时间均发现有叶的生长，4~11 月为展叶盛期。5~8 月花期，6~7 月均有盛花的植株；7~8 月为幼果期，9~10 月为果熟期，果熟时黑色。

展叶始期

芽开放期

展叶盛期

Jan Feb Mar Apr May Jun Jul Aug Sep Oct Nov Dec

果期

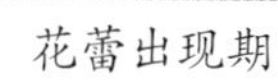

花蕾出现期

果实成熟期

开花盛期

土茯苓

别名：光叶菝葜

英名：**Glabrous Greenbrier**

葡名：**Smilax Lisa**

Smilax glabra Roxb., Fl. Ind. ed. 2, 3: 792.1832. 澳门植物志 3: 246, 2007

特征 攀缘灌木。根状茎块状。地上茎与枝条光滑，无刺。叶革质至薄革质，椭圆状披针形至狭卵状披针形，长 3~15 cm，宽 1~7 cm，叶背有时苍白色，掌状脉 5 条；叶柄长 5~25 cm，约占全长 1/4~1/2 具叶鞘，有卷须。伞形花序腋生，有花 10 余朵；总花梗短；花序托膨大，小苞片多数，宿存；花六棱状球形，绿白色，外轮花被片兜状。浆果球形，直径 7~10 mm，具粉霜，成熟时紫黑色。

分布 4 个样地均有少量。氹仔、路环石排湾后山有分布。生于林下或灌丛中。分布于中国长江流域以南各地。印度、越南、泰国也有。

物候 《中国植物志》《广州植物志》《澳门植物志》中记载土茯苓花期 7~11 月，果期 11 月至翌年 4 月。澳门植物物候监测中发现，土茯苓全年均有展叶，3~5 月及 7~12 月为主要展叶盛期；土茯苓花期 9~10 月；果期 10 月至翌年 2 月，幼果绿色，长成的果似被白粉，成熟果呈紫红色。

展叶盛期

花蕾出现期

展叶始期

幼果期

Jan Feb Mar Apr May Jun Jul Aug Sep Oct Nov Dec

果实成熟期

暗色菝葜

英名：Opaque Greenbrier
葡名：Smilax Escura

Smilax lanceifolia Roxb., Fl. lnd. (Roxburgh) 3: 792. 1832. 澳门植物志 3: 247，2007

展叶盛期

特征 攀缘灌木。枝条具细条纹，无刺，稀具疏刺。叶通常革质，叶面有光泽，长 6~17 cm，宽 2~7 cm，顶端渐尖至骤尖，基部圆形至宽楔形；叶柄长 1~2.5 cm，约占全长的 1/5~1/4 具狭鞘，一般有卷须。伞形花序单生叶腋，总花梗一般长于叶柄，较少稍短于叶柄；花序托稍膨大；花黄绿色。浆果球形，熟时黑色。

分布 4 个样地均有少量。路环石排湾后山有分布。生于林下或灌丛中。分布于中国广东、广西、海南、江西、福建、台湾、浙江、湖南、云南、贵州。中南半岛至印度尼西亚都有分布。

物候 《广州植物志》《澳门植物志》中记载暗色菝葜花期 9~11 月；果期 11 月至翌年 4 月。澳门植物物候监测中发现，暗色菝葜 1~9 月均有展叶盛期，花期 9~11 月，果期 10 月至翌年 3 月。

开花始期

芽开放期

开花盛期

Jan Feb Mar Apr May Jun Jul Aug Sep Oct Nov Dec

幼果期

果实成熟期

淡竹叶

英名：Common Lophatherum
葡名：Bambú Falso

Lophatherum gracile Brongn. in Duperr., Voy. Coq. Bot. 50, pl. 8. 1831. 澳门植物志 3: 150, 2007

展叶盛期

花蕾出现期

特征 多年生草本。具木质根头，须根中部膨大呈纺锤形小块根。秆直立，疏丛生。叶鞘平滑或外侧边缘具纤毛；叶舌质硬，褐色；叶片披针形，具横脉，有时被柔毛或疣基小刺毛，基部收窄成柄状。圆锥花序，分枝斜升或开展；小穗线状披针形，柄极短。颖果长椭圆形。

分布 4个样地均有，其中大潭山和松山样地较多。路环步行径有分布。分布于中国长江流域和华南、西南各地。新几内亚岛、印度、马来西亚和日本也有。

物候 《中国植物志》《澳门植物志》中记载花果期6~10月。澳门植物物候监测中发现，淡竹叶物候期较明显，3~4月始展叶，4~9月展叶盛期，11月至翌年3月叶色变黄并落叶，2~3月多数植株叶落光，植株干枯。4~6月部分植株有花后7月有幼果，9~11月均有盛花的植株，边开花边结果，9月幼果期，10~12月果熟期，11月至翌年2月落果期。

开花始期

展叶始期

开花盛期

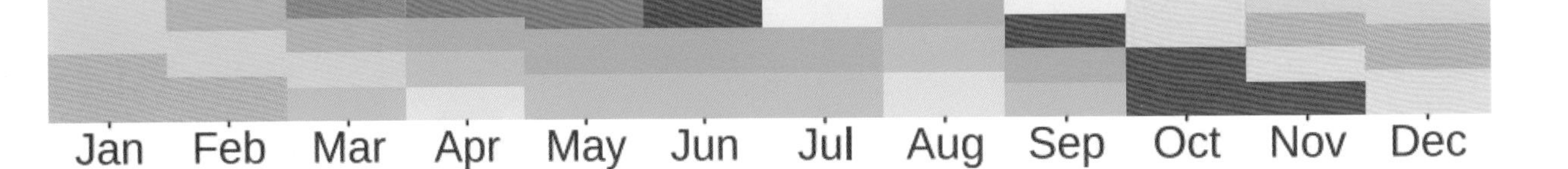

幼果期

开花末期

果实脱落期

果实成熟期

开始枯黄期

全部枯黄期

短叶黍

英名：**Panic Grass**
葡名：**Escalracho de Folhas Breves**

Panicum brevifolium L., Sp. Pl. ed 1. 59. 1753. 澳门植物志 3: 155, 2007

展叶盛期

特征 一年生草本。秆基部常伏卧地面，节上生根，花枝高 10~50 cm。叶鞘短于节间，松弛，被柔毛或边缘被纤毛；叶舌膜质，顶端被纤毛；叶片卵形或卵状披针形，包秆，两面疏被粗毛，边缘粗糙或基部具疣基纤毛。圆锥花序卵形，开展，长 5~15 cm，主轴直立，常被柔毛，通常在分枝和小穗柄的着生处下具黄色腺点；小穗椭圆形，长 1.5~2 mm，具蜿蜒的长柄。

分布 松山和黑沙水库样地有少量。松山市政公园、氹仔驻澳部队附近、路环陆军马路、路环黑沙龙爪角有分布。多生于阴湿地和林缘。分布于非洲和亚洲热带地区。

物候 《中国植物志》《澳门植物志》中记载花果期 5~12 月。澳门植物物候监测中发现，一年多数时间均发现有叶的生长，5~8 月为展叶盛期，翌年 1~2 月叶变黄。6~10 月花期，10 月为幼果期，11~12 月为果熟期，11 月至翌年 1 月为落果期。

花蕾出现期

展叶始期

开花始期

Jan Feb Mar Apr May Jun Jul Aug Sep Oct Nov Dec

开花盛期

开花末期

果实脱落期

参考文献

F. 施奈勒 , 1965. 植物物候学 [M]. 北京 : 科学出版社 .

H. 利思 , 1984. 物候学与季节性模式的建立 [M]. 北京 : 科学出版社 .

澳门特别行政区政府统计暨普查局 , 2021a. 人口估计、出生及死亡统计、结婚及离婚统计 [EB/OL]. [2021-5-10]. https://www.dsec.gov.mo/ts/#!/step2/PredefinedReport/zh-CN/1.

澳门特别行政区政府统计暨普查局 , 2021b. 车辆及通讯统计 [EB/OL]. [2021-5-31]. https://www.dsec.gov.mo/ts/#!/step2/PredefinedReport/zh-CN/21.

澳门地图绘制暨地籍局 , 2018. 澳门特别行政区地形资料 [EB/OL]. [2021-4-30]. https://www.dscc.gov.mo/zh-hans/geo_statistic_web6.html#scrol.

曹沛雨 , 张雷明 , 李胜功 , 等 , 2016. 植被物候观测与指标提取方法研究进展 [J]. 地球科学进展 , 31(04): 365-376.

陈发军 , 陈坤浩 , 谢永贵 , 等 , 2011. 黔西北喀斯特生态系统中主要植物物候格局 [J]. 山地学报 , 28(66): 95-703.

陈效逑 , 曹志萍 , 1999. 植物物候期的频率分布型及其在季节划分中的应用 [J]. 地理科学 , 19(1): 21-27.

代武君 , 金慧颖 , 张玉红 , 等 , 2020. 植物物候学研究进展 [J]. 生态学报 , 40(19): 6705-6719.

冯瑞权 , 吴池胜 , 王婷 , 等 , 2010. 澳门近百年气候变化的多时间尺度特征 [J]. 热带气象学报 , 26(4): 452-462.

葛全胜 , 戴君虎 , 郑景云 , 2010. 物候学研究进展及中国现代物候学面临的挑战 [J]. 中国科学院院刊 , 25(3): 310-316.

何月 , 樊高峰 , 张小伟 , 等 , 2012. 浙江省植被 NDVI 动态及其对气候的响应 [J]. 生态学报 , 32(14): 4352-4362.

侯美亭 , 延晓冬 , 2012. 中国东部植被物候变化及其对气候的响应 [J]. 气象科技进展 , 2(4): 39-47.

刘南威 , 何广才 , 1992. 澳门自然地理 [M]. 广东 : 广东省地图出版社 , 169-203.

罗素·G·福斯特 , 利昂·克赖茨曼著 ; 严军 , 刘金华 , 邵春眩 , 译 . 2016. 生命的季节生生不息背后的生物节律 [M]. 上海 : 上海科技教育出版社 .

宛敏渭 , 刘秀珍 , 1987. 中国物候观测方法 [M]. 北京 : 科学出版社 .

王发国 , 邢福武 , 叶华谷 , 等 , 2005. 澳门路环岛灌丛群落的特征 [J]. 植物研究 , 25(2): 236-241.

邢福武 , 秦新生 , 严岳鸿 , 2004. 澳门的植物区系 [J]. 植物研究 , 23(4): 472-477.

邢福武 , 2005. 澳门植物志 : 第一卷 [M]. 澳门 : 澳门民政总署 .

邢福武 , 2006. 澳门植物志 : 第二卷 [M]. 澳门 : 澳门民政总署 .

邢福武 , 2007. 澳门植物志 : 第三卷 [M]. 澳门 : 澳门民政总署 .

徐雨晴 , 陆佩玲 , 于强 , 2004. 气候变化对植物物候影响的研究进展 [J]. 资源科学 , 26(1): 129-136.

张宝成 , 白艳芬 , 2015. 花期物候对气候变化的响应进展 [J]. 北方园艺 , 39(22): 190-194.

赵俊斌 , 张一平 , 宋富强 , 等 , 2009. 西双版纳热带植物园引种植物物候特征比较 [J]. 植物学报 , 44(4): 464-472.

竺可桢 , 宛敏渭 , 1973. 物候学 [M]. 北京 : 科学出版社 .

Brenskelle L, Stucky B J, Deck J, et al., 2019. Integrating herbarium specimen observations into global phenology data systems [J]. Applications in Plant Science, 7(3): e01231.

Duarte L, Teodoro A C, Monteiro A T, et al., 2018. QPhenoMetrics: an open source software application to assess vegetation phenology metrics [J]. Computers and Electronics in Agriculture, 148: 82-94.

Hopp R J, 1974. Plant phenology observation networks//Lieth H, ed. Phenology and Seasonality Modeling[M]. Heidelberg, Berlin: Springer, 25-43.

Piao S L, Ciais P, Friedlingstein P, et al., 2008. Net carbon dioxide losses of northern ecosystems in response to autumn warming[J]. Nature, 451(7174): 49-52.

Root T L, Price J T, Hall K R, et al., 2003. Fingerprints of global warming on wild animals and plants[J]. Nature, 421(6918): 57-60.

Rosenzweig C, Casassa G, Karoly D J, et al., 2007. Assessment of observed changes and responses in natural and managed systems[A]. //Parry M L, Canziani O F, Palutikof J P, et al., 2007. Climate Change, Impacts, Adaptation and Vulnerability. Contribution of Working Group Ⅱ to the Fourth Assessment Report of the Intergovernmental Panel on Cambridge[M]. UK: Cambridge University Press, 79-131.

中文名索引

学名索引

英文名索引

M

N

O

P

R

S

T

V

W

葡名索引